有機農業をはじめよう!

研修から営農開始まで

有機農業参入促進協議会 監修
涌井義郎・藤田正雄・吉野隆子・大江正章 著

コモンズ

contents

はじめに 6

第1章　有機農業が求められている理由 ……………………… 9

01　日本と世界の有機農業 10
(1) 日本の有機農業の現状 10
(2) 世界の有機農業の現状 12

02　環境を守る有機農業 14
(1) 地球環境・気候変動と農業 14
(2) 土を守り、野生生物を守る農業 16
　コラム❶　生物種の絶滅と地球の限界 18

第2章　有機農業の考え方・技術・営農 ……………………… 19

01　有機農業とは何か 20
(1) 本来の農業としての有機農業 20
(2) 環境保全という宿題 24
(3) 低投入・持続的農業 26
(4) 多様な生物との共存・共生 28
(5) 地域資源の活用 30
(6) 日本は有機農業を推進している 32

02　有機農業の技術 34
(1) 土づくり 34
(2) 有機栽培農地の環境づくり 38
(3) 堆肥と有機肥料 40
　コラム❷　生ごみは宝、堆肥化して活用しよう 43

contents

　　(4)　病害虫や草とのつきあい方　44
　　　　コラム3　アレロパシー　47
　　(5)　品種の選び方と自家採種　48
　　(6)　育苗培土(床土)　50
　　(7)　さまざまな農法がある　52
　　　　コラム4　技術と技能　55
　　(8)　栽培スタイル──多品目栽培から品目をしぼった栽培まで　56
　　(9)　作物栽培と家畜飼育の連携　58

　03　**有機農業の営農**　60
　　(1)　野菜を中心に多様な経営スタイル　60
　　(2)　有畜複合農業　62
　　(3)　パーマカルチャー的有機農業(暮らしの半自給)　64
　　(4)　認証制度とどう向き合うか──有機JAS認証と地域認証　66

第3章　有機農業はこうして学ぼう　69

　01　**有機農業をどこで学ぶか**　70
　　(1)　選び方の基準　70
　　(2)　有機農業を学べる研修先　74

　02　**就農する前に考えること**　81

　03　**自分に合った研修先の探し方と研修中の心得**　86
　　　　コラム5　エシカル農業　91
　　　　コラム6　古老に学ぶ　92

contents

第4章　就農にあたって必要なこと ……………………… 93

01　さまざまな販路の見つけ方と販路の長所・短所　94

　　コラム7　三澤勝衛の「風土産業」に学ぶ農産物とその加工品　99

02　就農に関わる各種制度の活用方法と相談先　100

03　営農計画の立て方　104

04　農地・家の探し方と地域とのつながり　110

　　コラム8　農福連携の本当の意味　112

第5章　先輩新規就農者たちの営農と生き方 ……………… 113

限界集落でできることを探る日々●浅見彰宏（ひぐらし農園）　114

JA有機栽培部会の存在が決め手●田中宏昌・陽路子　116

お米もブルーベリーも地域もつくる●天明伸浩（星の谷ファーム）　118

まちのとなりで旬産旬消、稲作も●林英史（はやし農園）　120

美味しい野菜を作れば結果はついてくる●千葉康伸　122

効率化して生産性を上げ、野菜をちゃんとつくりたい

　　　　　　　　　　　　　●牧野麻衣（まいまる畑）　124

高品質な堆肥と育苗培養土づくりで有機農業を底支え

　　　　　　　　　　　　　●高谷裕一郎（五段農園）　126

地域があってこそ面白い●長尾伸二　128

持続可能な暮らしと有機農業●松平尚也・山本奈美（耕し歌ふぁーむ）　130

地域も重視した大規模なハウス経営●小松原修（株式会社小松ファーム）　132

中山間地域の自然に魅せられて就農●田畑勇太（no life no en）　134

農村での生活に憧れて就農●中村学（中村農場） *136*
　　コラム❾　営農スタイルと収入目標の明確化と逆算力 *138*

第6章　研修生をどう受け入れればよいか ……………………… *139*

　01　研修受け入れ農家に求められること *140*

　02　自治体行政の対応──積極的な受け入れが地域を元気にする *144*

エピローグ　有機農業をはじめる人へ *149*

　農業関連用語解説 *153*
　有機農業を理解するための書籍・DVD *156*

はじめに

　有機農業参入促進協議会では、国の有機農業推進事業を活用して、有機農業への理解者を増やすとともに、これから有機農業をはじめようとする方に参考となる小冊子「有機農業をはじめよう！」シリーズを作成してきた。きっかけは、2006年に施行された有機農業推進法で「やりたい人が有機農業で就農でき、食べたい人が有機農産物を食べられるようになること」を謳っているにもかかわらず、新規参入する場合の有機農業に関する情報が少なく、慣行農家、JA（農協）や都道府県、市町村などの農業関係者の有機農業への理解があまりにも乏しかったことである。

　そして本書は、あしたを拓く有機農業塾で新規就農者の育成に尽力されている涌井義郎氏による「シリーズに掲載されている内容を総合して、新規就農者の参考となるテキストをつくりましょう」という提案から始まった。これをうけて、シリーズの編集に関わってきた、有機農業推進へのアプローチの異なる4人のメンバーで内容を検討していく。涌井氏に加えて、有機農業参入促進協議会の事務局長を務める私、名古屋市のオーガニックファーマーズ朝市村で新規就農者の育成と有機農産物の販路開拓を支援している吉野隆子氏、持続的な地域づくりをテーマに取材を続けているジャーナリストで出版社コモンズの代表でもある大江正章氏である。さらに、全国各地の新規就農者の報告も含めて、本書は7章で構成されている。

　第1章は、有機農業の現代的意義を紹介した。日本と世界の現状と有機農業の果たす役割、地球環境問題から農産物を生産する農地まで農業の存続に関わる話題に関心をもっていただきたい。

　第2章は、有機農業の考え方、基本となる技術およびさまざまな営農スタイルを紹介した。有機農業を単に化学合成農薬と化学合成肥料を使わない農業としてではなく、なぜ、それらを使わなくても栽培が可能なのか、そのしくみを理解していただきたい。

　第3章は、新たに農業に参入する場合に研修を受けることの大切さと研修先

の選び方について紹介した。農業を仕事に選ぶことは、経営者になることである。営農目標とその実現に向けた準備が欠かせない。研修先を選ぶところからその準備がはじまり、就農後の生活が決まると言っても過言ではない。

　第4章は、就農にあたって準備すべきことを紹介した。就農希望者には、めざすべき営農スタイルとそれに見合った販路、公的支援制度などを考慮して、営農計画を立てていただきたい。

　第5章は、すでに新規就農した先輩農業者たちが自らの取り組みと生き方を紹介した。多様な営農スタイルや暮らしを参考にしていただきたい。

　第6章は、研修受け入れ農家の心得および自治体行政の対応について紹介した。受け入れ側はもちろん、新規就農希望者がどのような農家で学び、どの地域に暮らすかを選ぶ際の参考にもなる。

　エピローグでは、有機農業だから担える役割と、さまざまな経験を積んだのちに農業を選んだ新規就農者に地域農業、農村の担い手となってほしいという期待を込めた。

　加えて、有機農業に関連するトピックスをコラムとしてちりばめ、農業関連用語の解説と参考図書・DVDも最後に掲載している(取り上げた用語は、本文中で太字にした)。内容の理解の助けとして、利用していただきたい。

　なお本書は、どの章から読まれてもよい。また、有機農業をめざす人も就農を後押しする関係者も、手元に置いてハンドブックとして活用していただきたいというのが、私たちの願いである。

　これから有機農業での就農をめざすみなさんには、実践を通して次の3点を感じてほしい。

　①農業を仕事にすることの厳しさ
　②多種多様な生きものとともに、そのはたらきを利活用した農業の楽しさ
　③農畜産物や食を通した人と人、人と自然との生命(いのち)のつながり

　そして、多くの課題をかかえながらも、地域農業、農村の持続性を確保するために、農外からの就農希望者を受け入れようとしている地域の力になっていただきたい。

〈藤田正雄〉

第1章

有機農業が求められている理由

風食：不適切な耕耘により、肥沃な表土が失われていく。地域住民の生活にも悪影響を及ぼす。

01 日本と世界の有機農業

(1) 日本の有機農業の現状

第Ⅱ世紀を迎えた日本の有機農業

2006年に有機農業推進法が制定され、日本の有機農業は第Ⅱ世紀を迎えたといわれている。そして、**有機農業モデルタウン事業**など自治体(公)と農業者・生活者(民)が協働・連携した取り組みが見られるようになっていく。

1970〜80年代の有機農業の大半は、地方の強い志を持った生産者ないし生産者集団と、都市の消費者グループの親密ではあるが閉じられた関係だった。両者ともに点の存在であり、地域に開かれていたとはいえない。しかし、有機農業推進法の制定以後は地域へ広がっていった。地産地消が進み、豆腐・日本酒・製麺・醸造などの地場産業やまちづくりとのつながりが深まりつつある。こうした有機農業は、自治体が支援する公共性を持った存在といってよい。

最近では、有機農業者がほとんど存在しなかった地域で新たな動きも起きている。たとえば、いすみ市(人口約3万8000人、千葉県)では、全国で初めて2017年秋から学校給食用のお米をすべて地元産有機米(コシヒカリ)に切り替えた。市長と職員の熱意が農家を動かし、生産量はわずか4年で240kgから50トンに拡大。10小学校と3中学校の約2300人分を供給したのだ。男鹿市(人口約2万8000人、秋田県)では、若者たちがオーガニックと「男鹿に行く」をかけた「OGANIC(オガニック)」というコンセプトの市を2015年から開催。オガニック農業による地域の活性化をめざしている。

有機JAS以外の実施面積が増えている

2016年度の有機農業の実施面積は2万3803ha。徐々に伸びており、2009年度の1万6369haと比べると45%増だ。ただし、有機JAS圃場面積はほとんど変わっていない。もっぱら、有機JASを取得していない有機農業の面積が

増えている(図1−1)。なお、**特別栽培農産物**の栽培面積は約12万haで、2012年以降あまり変化がない。

都道府県別の有機JAS圃場面積(2017年4月現在)をみると北海道が圧倒的に多く、鹿児島県、熊本県が続く。面積割合では島根県や石川県が高い。

有機農家戸数に関する正確なデータはない。農水省は2010年度の補助事業として有機農業基礎データ作成事業を行った。その推計結果(無作為に抽出した市町村における面談)によると、全国に7865戸あり、トップ5は長野県、福島県、熊本県、群馬県、島根県。農家数に占める割合は、やはり島根県が高い。

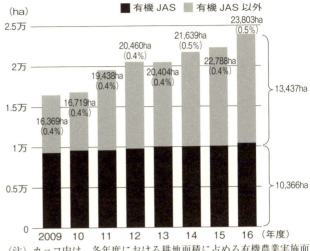

(注) カッコ内は、各年度における耕地面積に占める有機農業実施面積の割合。
(出典) 農林水産省食料産業局食品製造課、生産局農業環境対策課調べ(各年度の数字)。

図1−1　日本の有機農業の実施面積の推移

有機農業の実施面積が徐々に増えているとはいえ、割合で言えば全国の耕地面積の0.5%である。たしかに低い。この数字から、有機農業は限られた人が行う特別な農業であるという声をよく聞く。

だが、本人は「有機農業をしている」と認識していないけれど、実質的には化学合成農薬や化学合成肥料をほとんど使っていない小規模兼業農家の女性や高齢者は多い。彼らも有機農業の担い手として位置付けてよい。相川陽一(長野大学)は島根県の中山間地域の丹念な調査を通じて、このタイプの農業を「ふだんぎの有機農業」と名付けた。たとえば福井県池田町では、こうした兼業農家の女性100人を集めて「101匠の会」をつくり、独自の栽培基準と認証制度を整備して、福井市内に設けたアンテナショップへ出店し、成功を収めている。

〈大江正章〉

(2) 世界の有機農業の現状

増加するオーガニック食品市場と有機圃場面積

2018年2月に国際有機農業運動連盟(IFOAM)とスイス有機農業調査研究所(FiBL)が公表した「世界の有機農業2018年版」によると、2016年のオーガニック食品市場は約10.2兆円である(55カ国の小売上高)。とくに欧米での伸びは著しく、米国は約4.7兆円で約半分を占め、EUは約3.7兆円。フランスとアイルランドでは22%も増加し、ここ数年は多くの国で毎年10%以上の伸びが続いているといわれている。

それと平行して有機農業者数と有機圃場面積も増加。2016年の認定有機農業者数は世界178カ国で273万人、有機圃場は5782万haで、10年前に比べて、農業者数で2.2倍、面積で1.8倍に増えている。有機圃場のシェアが国内農地の10%以上を占める国は、オーストリア、スウェーデン、スイス、イタリアなど15カ国に及ぶ。そのほとんどはヨーロッパ諸国だ。日本の0.2%は、欧米に比べて非常に低い(図1-2、日本は有機JAS認証圃場)。

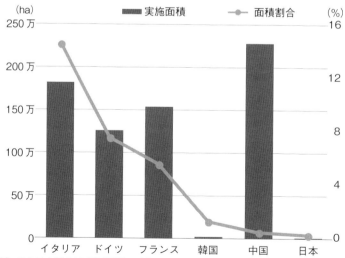

(注) 日本は有機JAS認証圃場の面積。
(出所) FiBL & IFOAM–Organics International (2018), *The World of Organic Agriculture 2018*.

図1-2　各国の有機農業の実施面積(左軸)と面積割合(右軸)　(2016年)

持続可能な開発のための 2030 アジェンダ

2015年9月25〜27日、ニューヨークの国連本部で「国連持続可能な開発サミット」が開催され、2001年に策定されたミレニアム開発目標(MDGs)の後継として、「持続可能な開発目標(Sustainable Development Goals: ＳＤＧｓ)」が150を超える加盟国首脳の参加のもと採択された。

その2016〜30年の国際目標は、「持続可能な開発のための2030アジェンダ」に記載されている。そこでは、持続可能な世界を実現するための17の目標と169のターゲットが掲げられ、地球上の誰一人として取り残さない(leave no one behind)ことが誓われた(図1−3)。国連に加盟するすべての国は、貧困や飢餓、エネルギー、気候変動、平和と公正など、持続可能な開発のための諸目標を総合的に達成すべく力を尽くすことになる。

達成困難な目標や相互にトレードオフの関係が生じる目標を達成するには、持続的なライフスタイルを創造し、私たちが「真の豊かさとは何か」を見つめ直す必要がある。すべての国がともに、人びとの健康的な生活を確保し、持続可能な農業を促進し、生態系を保護し、**生物多様性**を保全するには、化石燃料に頼らず、地域資源を活かした有機農業の果たす役割が大きい。この点からも、有機農業の市場シェアはさらに拡大するであろう。

(出典) 外務省HP。

図1−3 持続可能な世界を実現するための17の目標

〈藤田正雄〉

02 環境を守る有機農業

(1) 地球環境・気候変動と農業

地球環境問題に農林業はどう対応するか

地球環境問題として、環境省は次の9現象を取り上げている。

①オゾン層の破壊、②地球の温暖化、③酸性雨、④熱帯林の減少、⑤砂漠化、⑥開発途上国の公害問題、⑦野生生物種の減少(生物種の絶滅問題)、⑧海洋汚染、⑨有害廃棄物の越境移動。

これらの地球環境問題に通底するのは、相互に複雑な関連性を持っていること、そして国際的な広がりとつながりを持つということである。だから、問題別・国別の対応だけでは解決が難しい。国際的な協力が不可欠である。

日本が関わる問題の事例を挙げてみよう。たとえば④について、アジアの熱帯林から切り出される木材の6割以上が日本向けだというから、日本の責任が問われる。日本の国土に占める森林の割合(森林率)は68％もあり、世界平均(30％)の2倍超である。それなら、なぜ国産の木材を使わないのか。東南アジア諸国との経済関係とともに、日本の森林政策、林業のあり方が問われる。

熱帯林の減少は⑦の生物種の減少にも関わる。誰もが知っている類人猿オランウータンは、生息地の森を奪われて劇的に数を減らしてきた。その背景のひとつに、日本の食用油の輸入拡大が指摘されている。油糧作物のアブラヤシ(オイルパーム)の栽培農地を広げるために熱帯林が次々と伐採された。ここにも日本の農林政策、食料自給という大きな課題が関わっている。

農林業のあり方を考えるとき、国民の食料や生活資材をどうまかなうかという課題とともに、地球レベルの環境問題との関わりを常に意識しなくてはならない。そこでは、国・政府としての責任はもとより、私たち一人ひとりが地球人としての責任から逃れられない。地球の今と未来を考えるには、「私はどうしたらいいのか」という自問からはじめなければならない。

気候変動に荷担しない農業でありたい

　世界各地の気温変化、頻発する豪雨水害や際だった干ばつ、海水の温度上昇や水面上昇など、地球温暖化とそれにともなう多くの影響を気候変動と呼んでいる。では、気候変動と農業はどう関わるのだろうか。

　2017年の世界の平均気温は、産業革命前より1.1℃上昇した。この間の二酸化炭素濃度は、280ppmから403ppm（2016年）にまで44％も増加している。なかでも2015～16年の1年間に3.3ppmも増加し、最近10年間の年平均増加量2.0ppmを大きく上回った。この状況が続けば、21世紀末の世界の気温は1.8～3.4℃（日本は2.1～4.0℃）上昇すると予測されている。

　2018年夏の西日本を襲った未曾有の大規模水害、土砂災害とその後の猛暑も、気候変動の現れであり、すでに予測されていた（文部科学省・気象庁・環境省企画監修、日本気象協会編集「日本の気候変動とその影響2012年度版」2013年）。

　こうした気候変動に、農業者・関係者はどのような姿勢で臨むべきなのか。答えは自明である。温暖化に荷担しない農業に転換すること、前世紀からの農政課題である「環境保全型農業」の推進を言葉だけで終わらせないことである。有機農業の考え方とその農法にこそ回答がある。義務感だけで考えなくてもよい。持続可能性にこそ収益性が見込まれる、そういう時代を迎えている。

表1－1　気候変動に加担しない農業のあり方

●緩和策：温室効果ガスの排出削減と吸収対策		
項　目	対　策	キーワード
省エネルギー	鉱物由来肥料、化学合成肥料を使わない 大型機械をできるだけ使わない。耕耘回数を減らす 適期栽培に努める。加湿栽培を減らす	鉱物掘削エネルギー、輸送エネルギー、合成エネルギー 機械燃料、暖房燃料
再生可能エネルギーの普及・拡大	発酵熱、木質燃料など植物由来炭素の活用 太陽光、バイオディーゼル、メタンガス、地下水などの利活用	伝統的技術の再評価 新技術の開発
CO_2の吸収源対策	除草剤を使わない 里山の管理、里山資源の利活用 草生栽培、カバークロップの普及推進	自然環境との共生
CO_2の回収・貯蔵	緑肥作物の利用 堆肥、有機質肥料の利用	土づくり 炭素貯留
●適応策：悪影響への備えと新しい気候条件への適応		
治水対策	土壌浸食の防止 除草剤を使わない	土づくり カバークロップ、休閑緑肥
農作物の高温障害対策	新たな適作物の探索 地温の安定、土壌の保水性向上	土づくり 草生栽培、カバークロップ
生態系の保全	化学合成農薬を使わない 農地の生物多様性を図る	土づくり 輪作・間混作、土着天敵の誘導

〈涌井義郎〉

(2) 土を守り、野生生物を守る農業

土壌の劣化

2015年は国連により国際土壌年とされた(2024年まで「国際土壌の10年」として活動継続)。前世紀から慣行農業によって世界的な土壌劣化が進み、食料生産に深刻な影響を及ぼしつつある。気候変動の影響もあり、人類の生存のために農地土壌の劣化を防ぎ、持続的生産を担保する行動が求められている。

土壌劣化の様相と要因はさまざまである。酸性雨や開発による森林の衰退、除草剤の常用などによる土壌侵食(降雨水食、風食)や土壌硬化、化学合成肥料と灌漑による塩化、アルカリ化、大型機械による土壌踏圧、化学合成肥料の過剰施用による窒素・リン汚染などだ。20世紀末時点で土壌劣化農地が5.6億ha(38%)に及ぶという(大倉利明「世界の土壌劣化」『地球環境』Vol.15 No.1、2010年)。

こうした土壌劣化の背景には、化学合成肥料、化学合成農薬および機械化への過度の依存があり、一方で土壌中に蓄積されていた炭素量の減少が土壌劣化を促した。土壌炭素はすなわち土壌有機物である。国際土壌年は、化学合成肥料(無機質肥料)のみに頼り、有機物損耗を顧みなかったこれまでの慣行農業のあり方を「根本的に見直そう」という提言といえる。従来型の農業技術は限界にあり、方向転換が欠かせない。

有機農業の考え方は、これまでの「肥料で育てる」から「土の力で育てる」への原点回帰である。土とは、有機物と多様な生きものを包含し、生きている存在である。作物生産の持続性には、土の生産力の持続性が大前提であり、土を健全に育む資材として堆肥や有機肥料を投入する。土壌の扱い方においては、短期的・経済的な要求ではなく、土壌の持続性・健全性を指標とすべきである。雑草の役割、土の生きもののはたらきを考えれば、化学合成物質や過度の機械利用は当然、抑制しなくてはならない。劣化土壌の修復も、世界各地でこれからの有機農業に期待されている。

生物多様性の危機

地球温暖化防止の国際ルール「パリ協定」では、産業革命後の気温上昇につ

いて「2℃を十分下回り、1.5℃をめざす」としている。1.5℃は、プラネタリー・バウンダリー（18ページ参照）における気候変動の限界値である。2009年に発表されたプラネタリー・バウンダリーの提唱者ヨハン・ロックストローム（ストックホルム・レジリエンス・センター所長）はこう述べる。

「私たちが化石燃料から脱却することはもちろん必要ですが、それ以上に重要なのは、地球の陸地や海洋の自然生態系が、いまの均衡状態を保とうとする回復力を失わないようにすることです。……中核が気候システムと**生物多様性**です。……気候変動と**生物多様性**の喪失、土地利用の変化、窒素とリンによる汚染の4つはすでに危険領域に入っています」（朝日新聞「地球環境、限界なのか」2018年8月2日）

生物多様性を最も損なっている産業が農林業だという指摘がある。農業は、窒素とリンによる環境汚染にも関わっている。地球システムが回復力を失う転換点に至らないよう、農林業の責任について考えなければならない。

身近な生きものの存在価値

今世紀に入ってすぐのころから、世界各地でミツバチの群崩壊（集団脱走、大量死）が報告され、その主要因がネオニコチノイド系農薬であると、ほぼ特定されつつある。この問題は飼育ミツバチに限らない。その先に自然界の多様な生態系への悪影響を想起させる。花粉媒介に関わっている野生の訪花バチやアブなどは、私たちの身近に数十種類もいて、植生の維持にはたらいてくれている。彼らも農薬によって同じ影響を受けている可能性がある。

近年、田植え前後の田んぼでカエルの鳴き声が聞こえなくなった。かつては田んぼの近くに住む人が「うるさくて眠れない」と話題にしたほどのカエルはどこにいったのか。アキアカネ（トンボ）も減少したとされる。ツバメが水田の上をあまり飛ばなくなったのは、餌である虫が激減したからであろう。

カエルやトンボなどは、食物連鎖を表すピラミッド構造の中間部分に位置している。「たかがカエルやトンボ」と侮ってはならない。食物連鎖システムが壊れれば、農業にも重大な負の影響が跳ね返ってくる。**生物多様性**は、農業の持続性を保障する要の課題である。

〈涌井義郎〉

● コラム1 ●

◆◈ 生物種の絶滅と地球の限界 ◈◆

　世界中で、野生生物種の絶滅スピードが加速している。1年間の絶滅種数は、恐竜時代（約2億5000万～6500万年前）に0.001種、1万年前は0.01種、1000年前は0.1種、100年前は1種であった。ところが現在は、年に約4万種（1日に110種）が地球上から消えている。20世紀以降のわずか100年で、4万倍を超える速さになった。

　近年の危機的な種の絶滅は、地球環境の破壊、すなわち生態系の破壊が原因だ。さまざまな開発行為、森林の伐採、酸性雨、砂漠化、農薬などの化学合成物質、大気汚染・水質汚染など、その原因はすべて人類の活動による。

　国際自然保護連合（IUCN）は、「絶滅のおそれのある種のレッドリスト」を発表している。2017年現在、動物と植物あわせて2万5821種が絶滅危機（絶滅危惧）種。野生イネ5種、野生ヤムイモ17種が新たに加えられた。これらは食を支える農作物の原種で、貴重な遺伝資源である。これらの絶滅は人類の生存の危機に直結する。日本における絶滅危惧種は環境省が公表しており、3155種がリストアップされている。

　一方で、人類が安全に活動できる範囲を「プラネタリー・バウンダリー」（地球の限界値）という。いわば地球の「健康状態」を示す指標で、ヨハン・ロックストローム氏をリーダーとする世界的な研究チームが2009年に発表した。それは以下の9項目である（定量化されていない項目を含む）。

　①気候変動、②新規化学物質による汚染、③成層圏オゾン層の破壊、④大気エアロゾルの負荷（粒子状物質の濃度）、⑤海洋の酸性化、⑥生物地球化学的循環（窒素、リンの排出量）、⑦淡水の消費、⑧土地利用の変化、⑨**生物多様性**の欠損（生態系機能の喪失、生物種の絶滅率）。

　限界値を超え、回復力を失うと、不可逆的に生態系や環境が悪化し、人類は危険にさらされる。窒素とリンの環境汚染、生物種の絶滅率の2項目は、すでにきわめてリスクが高い危険領域に入っている。

〈涌井義郎〉

第2章

有機農業の考え方・技術・営農

中山間地域の農業：地域の風土に根ざした農業が営まれてきた。慣行農業では条件不利地とされているが、地域の資源や多様な生きもののはたらきを活用した有機農業にとっては適地である。

01 有機農業とは何か

(1) 本来の農業としての有機農業

慣行農業から有機農業へ

　日々の食事は昔から今に至るまで、農業生産による穀物や野菜などが基本である。日本を含む東アジアでは、古くから水稲と畑作物の栽培が農的暮らしの中心で、加えて鶏や山羊の飼育と川や海における漁業で、若干の肉と卵、乳、魚介類などを自給的に利用していた。

　20世紀後半以降、食のグローバル化によって農業生産の対象が飛躍的に広がった。**有畜複合・多品目の自給的**な形態から、稲作、野菜園芸、果樹園芸、畜産など**専作経営**による農産物の商品化が農業の目的とされるようになった。その結果、技術と経営のマニュアル化が進み、生産手段や生産物の販売における分業化が効率的だからと推奨され、いわゆる**慣行農業**が主流となる。一方で、多投入による環境への負荷や経営上の高コストが大きな課題になった。

　1940年代から少数の農業者とその支援者が苦労しながら開拓してきた有機農業は、当初は一般にはあまり知られることがなかった。1980年代以降にようやく注目されるようになり、有機農業に参入を希望する就農者が増えていく。今世紀に入ると国が有機農業推進法を定め、複数の自治体も有機農業を推進する時代になった。全世界の農業の方向性としても、有機農業こそが21世紀の主流にと期待されている。

地域と地球の環境保全、循環型社会を支える有機農業

　有機農業は、慣行農業と何が違うのか。

　慣行農業では、栽培環境を分析的に捉え、不足する養分を化学合成肥料で、病害虫や雑草は化学合成農薬や各種資機材で制御するというように、個別的に対処する。こうした資材依存・マニュアル依存型の農法によって、世界の農業

生産が柔軟性を失い、土壌劣化や生きものの減少などが進んだ。その反作用として、今後の農業生産を不安定にしかねないという重い課題に直面している。

一方、有機農業では、農地全体をひとつの生態系として捉え、多様な生きものが暮らせる環境を重視する。生きもの同士の複雑な関係を大切にする栽培管理によって土の生命力を維持すれば、特定の栄養素の不足が生じず、病原菌や害虫の爆発的な発生が起きない農地が実現する。たとえば、土づくりのための有機物投入が過不足のない作物栄養の供給になると同時に、病害虫対策や良質な生産物の実現にもつながるというように、土壌内外の生物多様性を育みながら農地全体を統一的なシステムとして捉えるのが本来の有機農業の特徴である（表2－1）。

有機農業を続けると、田畑の土とその地上に多くの種類・量の生きものが見られるようになる。それは、農地土壌が生命力に恵まれた「健康な土」になり、栽培作物と周辺の野草、棲息する多くの小動物との「共存・共生」が育まれた状態であることを意味する。健康な土と生命の循環が健康な作物を育て、作物の健康が人の健康を支える。農業生産の持続性を基本課題にしつつ、そうした好循環を生み出すのが有機農業の本質である。

21世紀の最大の課題は、地域と地球の環境保全であり、多種多様な生物と共生する循環型社会の構築である。有機農業という仕事は、環境と生態系を保全し、人びとの健康と暮らしを守ることに貢献する。さらに、再生可能な資源とエネルギーの自給にもつながっていく。

表2－1　有機農業の基本的考え方

栽培方法	土づくり、施肥	病害虫対策	雑草対策
有機農業（低投入型）	植物由来の堆肥を主体にした有機物で土づくりを行う。効果的な土づくりで低投入と健康な作物の実現をめざす	土づくりによる作物の健康な生育が対策の基本。田畑の生態系を豊かにすることで病害虫被害を回避する	適度に除草や有機物マルチで抑草も行うが、作物と雑草の共存を課題にする。草が土づくりを補う
有機農業（資材依存型）	家畜糞堆肥や油カス、購入複合有機肥料などで施肥を行う。土壌分析と施肥設計が技術の基本	作物と周辺環境の遮断。天然成分由来の農薬や生物農薬を使う	ていねいに除草する。マルチ資材を使ってしっかり抑草する
慣行農業	化学合成肥料を使用する。堆肥や緑肥作物と組み合わせることがある	主として化学合成農薬に依存する	マルチ資材のほか、機械と除草剤に依存する

地域で自給する百姓のあり方

　農業はもともと、人びとの日々の暮らしを支えるために必要な「衣食住」のすべてに関わる、とても重要な仕事であった。現代人の多くは農業を単に「食べもの生産業」と考えるが、本来の農業はもっと幅広く、奥行きが深い。その基本は「自給」にあった。

　自給の対象は、基本となる食べもののほかに、住居や納屋、家畜小屋などの建築物、農作業や暮らしに用いる道具（木製・鉄製農具を含む）、衣類である。寒地では、さまざまな防寒具も必要であった。作物生産に用いる堆肥や肥料、縄や菰（稲ワラで編み、俵に用いた）のような結束や包装のための資材、家畜の餌、食料貯蔵庫や容器など、その範囲は生活全般に及んだ。

　とはいえ、個々人がすべてのスキルを身につけることは難しい。そこで、分業のために集落の機能が必須であった。それぞれの技術・技能は親から子へ、師匠から弟子へと伝えられていく。それを昔の言葉で「姓（職業とその伝承のあり方）」と表したことから、「百姓」の言葉が生まれた。

　こうした地域内自給を基盤として、現金収入を得るために生産物を販売する現代的な農業へと徐々に変わってきたのである。ところが、現在は生産物の販売だけが強調されて、本来の農業の意味が忘れ去られようとしている。

「自給」が循環型社会の基礎

　現代の主流である慣行農業は、経済合理性の追求にとらわれて、用いる資源・資材のほとんどすべてを関連業者から購入し、そのことに問題を感じなくなってしまった。では、その問題とは何だろうか。

　まず、道具や資材の素材・原料はどこから来たものか。遠くから大きな輸送エネルギーを費やして運ばれ、その途上でも加工エネルギーをたくさん使う。貴重な有限資源の浪費になっていないであろうか。一方で、足下の地域資源はほとんど活用されていない。

　次に、技術の喪失である。道具や資材の加工技術は農業者と接点のない人びとのものとなり、農業者自身で作ることができなくなっている。かつての道具・資材の自給技術はどんどん失われ、農業者は自前で堆肥さえつくれない。たとえば、森林資源をうまく使えなくなって全国の山が荒れてしまった。里山

の管理が不十分になり、獣害の大きな要因とされている。農村の人びとが山の資源をうまく使えなくなった原因は多々あるが、そのひとつが「農業のあり方」にあるのだ。

　有機農業は、さまざまな資源の地域自給を重要な課題としている。地域の資源を活用するためには、その技術を持たなくてはならない。伝統的な自給技術をただ守り伝えることが良い、というわけではない。現代科学の知恵も駆使して、時代に合った自給のしくみを提案していきたい。

　食料の地産地消を推進し、国内自給を高めることはもとより、土づくりのための有機物資源や家畜飼料など生産手段をできるだけ地域資源でまかなうことを目標にする。米ヌカなどの農業副産物、野山や河川敷の刈り草、海藻残渣などの豊富な植物資源、農地周辺に棲息する天敵昆虫などの野生生物も重要な地域資源である。こうした豊かな地域資源をうまく農業生産と暮らしに取り込んで活用しようとする意識と技術の形成が、循環型社会の構築にとって、とても重要な課題である。

有機農業は本来農業の流れを受け継ぐ

　有機農業が、いわゆる慣行農業に対して「オルタナティブ（もうひとつの）」農業などと呼ばれることがあるが、そうではない。むしろ有機農業こそ、人類が永年にわたって当たり前に行ってきた「本来の農業」を受け継ぐ存在である。

　土を肥やす堆肥や有機肥料は、地域の農業副産物や食品廃棄物をもとに誰でもつくれることが目標になる。諸道具やエネルギー源はできるだけ地域の木材などを活用して自作し、病害虫や雑草に対しては土着の多様な作物との共存・共生を意識しながら適度に抑制する知恵と技能を身につける。さまざまな地域資源と、それを活用できる技術・技能の獲得が、本来農業のカギになる。

〈涌井義郎〉

(2) 環境保全という宿題

清浄な水を失った

　慣行農業が進めてきた「生産物を安く大量に」「そのためには生産手段の出所と使い方を問わない」という姿勢が、環境への負荷と持続性の喪失をもたらしてきた。

　国際連合食糧農業機関（FAO）によると、1960年から2000年までの40年間の窒素化学合成肥料施用量は、年間haあたり世界平均で9kgから60kgへと6.7倍に増加したが、この間の穀物収量は2.1倍にしか伸びていない。窒素利用効率（施肥窒素量あたりの作物の吸収量）は、1960年が76％だったのに対して2000年には24％に低下しており、この間に陸域から水圏への窒素流出が顕著になった。そして、飲用水汚染、河川水汚染、湖沼や沿岸域での富栄養化が各国で問題になっていく。地球規模では、窒素の陸域から海洋への流出は19世紀末には500万tだったが、20世紀末には2000万tで、約4倍になったと見積もられている。

　この窒素施肥量の増大と窒素利用効率の低下は、アジアで著しい。施肥量は19倍に、利用効率は157％から20％に大きく低下しているという（日本土壌肥料学会編『世界の土・日本の土は今』農山漁村文化協会、2015年）。

　施肥量の増加にともなった環境問題は、日本でも身近なところに現れている。たとえば関東地方の平野部で一般的に使われてきた浅井戸の多くが、40年ほど前から飲用不可として使用を制限され、市町村単位で掘られた深井戸から配水される上水道に替わってきた。それまでお金のかからなかった敷地内の浅井戸の水が使えなくなり、水道代を払わされるようになったのは、窒素化学合成肥料の多投入に原因がある。浅い地下水の硝酸濃度が高まり、富栄養化による大腸菌などの汚染で衛生上の問題が生じたのである。農業のやり方を間違えたことで、貴重な天然資源である清浄な水を失ってしまった。

土は生きもの

　窒素多投入と利用効率の低下がなぜ起こったのか。それは、土を単なる植物

支持材とみなし、作物を育てるのは「肥料という植物の食べもの」だと安易に考えてしまったからである。土は生きものであり「土は植物を育てる生きた環境そのもの」だという認識が欠けていた。化学合成肥料の継続使用が土の生命力を壊してしまったのである。

自然の植生に学べば、土に必要なのは有機物であり、作物への栄養は有機物を介して届けられるのが本来の姿である。有機物の投入、すなわち堆肥や有機肥料であれば、窒素栄養のロスはとても少ない。また、利用効率が高いから低投入で作物を生長させることができ、環境への流出も抑制できる。有機農業者がコツコツと積み上げてきた土づくりの考え方と技術は、環境保全型農業の基本中の基本といえるものだ。

周辺野生生物の衰退を進めた農業

地球上から次々と貴重な生物種が減り、失われている。現状では、地球上で年に約4万種もの生物種が絶滅し、そのスピードは過去100年間で数万倍に跳ね上がった（18ページ参照）。

自然界に絶大な影響力を行使する生きものが人間である。その人間の営みの何が生物種の絶滅を促したのかといえば、最も影響が大きいのが農林業だといわれている。森林を切り払って、農地を造成する。林木の運び出しや農地へのアクセスのために、縦横に道路を通す。広大な農地で大がかりな機械を動かして土を固く踏みしめ、耕耘と称して生きものであるべき土をどんどんかき回す。農地には目的とする作物のみを生育させるために除草剤を撒布し、病害虫対策に使う化学合成農薬で、ただの虫（害虫にも益虫にも属さない虫）や益虫、カエルなどの生存を許さない。残念ながら、そうした農業行為のすべてが、自然界の生態系の破壊に荷担してきた。

環境に多大な負荷をかける農業のあり方を、根本から見直さなければならない。有機農業は、自然環境との共生によって作物を育て、共生によって自然の脅威から作物を守ることを技術的な課題としている。これまでに傷つけられた環境をできるだけ修復し、農地内外の生物多様性を育み、あるべき姿を保全しながら農業生産の持続性を図る営みが有機農業である。

〈涌井義郎〉

(3) 低投入・持続的農業

多投入型農業からの脱却

　世界の農業のあり方として、低投入・持続的農業(Low Input Sustainable Agriculture：LISA)が最大のテーマになってきている。多投入型農業が環境を傷つけ、生産の持続性を脅かしてきた。だから、そうした農業のあり方を根本から見直そう、という重い提案である。

　慣行農業では、何が多投入だったのであろうか。窒素肥料の多投入が水を汚染し、土壌劣化を促進した。動力エネルギーとしての化石燃料が大気を汚染し、温暖化を促進した。頻繁で過剰な機械耕耘が農地土壌の硬化や侵食を助長し、肥料の利用効率低下を起こして、さらなる肥料多投入を促した。化学合成農薬の多量使用が農地周辺の生態系を脅かし、貴重な生物群の衰退と絶滅を加速した。生態系の損傷は作物の病害虫を抑制するはたらき(生態系サービス＝生物・生態系に由来する人類に有益な機能)を弱める(リサージェンス)ため、さらなる農薬の多投入につながる。頻繁な機械耕耘も、生態系サービスの低下に関わったと見られる。

　この反省の上に立って、低投入・持続的農業は次のような行動によって進められる。

　①化学合成肥料に代えて利用効率の高い有機質肥料や緑肥作物を用い、豊かに蓄えられた地力による作物栽培を基本とする。

　②化学合成農薬の使用をやめ、さまざまな生態系サービスと人的な栽培管理を駆使する作物保護技術に転換する。

　③有機肥料を含む農業用資源・資材の地域自給を基本として、有限な地下資源の温存を図り、かつ重量物の輸送距離をできるだけ短くする。

　④機械耕耘は回数の削減が課題になる。ロータリー耕は低回転で行い、耕耘はできるだけ浅くする。可能であれば部分耕や不耕起栽培に転換し、省エネルギーをめざす。

　ちなみに、世界の大穀倉地帯(アメリカ中西部やブラジルなど)では急速に不耕起栽培への転換が進められている。除草剤は利用されているが、不耕起栽培に

よって投入する窒素量を大幅に削減でき、トラクターの燃料代も減ってコスト削減につながる。

自然循環に学ぶべきこと

1980年代までの慣行農業においては、資源・資材投入の増大が収穫の増大をもたらすだろうという工業生産的な安易な発想で、過剰な施肥を常態化させてしまった。地下水汚染のように環境問題を引き起こすことが分かってから、1990年代以降、全国的に30％程度の施肥量削減が行われた。それでも化学合成肥料の使用自体が問題視されたわけではなかったために、根本的な解決には向かっていない。化学合成肥料による窒素がやや減ったとはいえ、家畜糞堆肥などの投入有機物と併用された窒素投入の総量は依然として膨大である。

農業の基本姿勢として、自然の植生に学ばなければならない。外部からの投入がなくても、草原や森林の草木は少しずつ大きくなっていく。植物と動物と微生物の複雑でダイナミックな関わりによって十分な物質循環が行われ、植物が必要とする栄養は生態系が自ら獲得するしくみを備えている。

生態系における物質循環では広い意味で、植物や小動物と共生する窒素固定微生物、あるいはその他の栄養補給に役立つ微生物群(菌根菌、エンドファイト(共生微生物))の役割が学べる。こうした有用微生物は多投入を嫌い、過剰に施肥するとはたらかなくなるといわれている。

農業生産は、この自然循環のしくみに学ばなければならない。有機農業は、すべからく自然循環システムを教師として学び、技術を組み上げていく。自然循環に学べば、できるかぎりの低投入が最も正しいことが自明である。

日本は降水量が多く、同時に自然植生が豊かであるために、多投入であっても目立つほどの土壌劣化が起こらない。しかし、それは目に見えにくいというだけである。土壌中では有用微生物の機能が衰え、ミミズははたらかず、土壌の団粒構造はこわれて、作物の健全な生育を支えられなくなる。

ただし、有機農業であれば問題は起こらないという考えは危険だ。有機物・有機肥料の多投入も、持続性に関わるさまざまな弊害を引き起こす。農地の地力培養を適切に見極めながら、有機農業においてもめざすべきは低投入である。

〈涌井義郎〉

(4) 多様な生物との共存・共生

ツバメやクモが多い田畑

　私が若いころ、東北地方の農村に体験実習に出かけたときのことである。駅に迎えに来てくれた受け入れ農家のお父さんが、遠くに見える水田の上を指して、私の注意を促した。

　「あの田んぼの上に見えるものが分かるかい？」

　私はすぐに気がついた。その田んぼの周辺だけツバメが飛び回っていたのだ。

　「有機栽培の田んぼだよ。あそこだけよくツバメが飛び、夕方にはコウモリも見かける」

　この会話は、今も強く印象に残っている。同様のことが、現在の私の農場でも見られる。雑草や作物残渣などで堆肥を自作している周辺で、春から初夏にツバメが頻繁に飛び回るのだ。飛翔する昆虫がとくに多いのであろう。

　有機栽培の畑の特徴のひとつは、クモが多いことである。見学に訪れて畑に入り込むと、体中にクモの巣が絡みつく。足下の草の中や畝の上を徘徊性のクモがチョロチョロと走り回る。

　クモは害虫の補食に貢献する天敵の一種であるが、畑全面を耕耘すると一斉に逃げ出してしまう。優秀な有機栽培農家は、作物の収穫が終わっても一斉に全面を耕さず、畑の一部に残渣や草地を残しておくことがある。クモなどの益虫、ただの虫の棲息域を残して、次に作付けする作物に移動してはたらいてもらおうとしているのだ。なかでも、早春の作付けにおいてこの効果は大きい。冬の田畑の機械耕耘では、とくに留意が必要な作業課題である。

多様な生物との共存・共生が作物の健全な生育につながる

　田畑の生態系を豊かにすることが、有機農業を成功に導くうえで重要である。田畑周辺の豊かな周辺生物が、土壌の健全性を保ち、作物を病害虫から守る砦となる。小動物や微生物が適度な刺激を与えることで作物の強健性を導き出し、その強健性は豊かな食物栄養と機能性につながっていく。

具体的に紹介してみよう。

　土壌中にミミズが増えると、優れた団粒構造の土になる。団粒の多くがミミズの糞なのだ。団粒構造は保水性と排水性の双方を良好に保ち、作物の吸水と栄養吸収が適切となって、健全な生育の基盤を形成する。ミミズの糞に放線菌（ほうせんきん）などの有用微生物が多くなり、作物栄養のバランスも改善される。団粒構造を支える有機物（腐植（ふしょく））がさまざまな微生物の増殖を促し、窒素固定菌・菌根菌（きんこんきん）・エンドファイトなどの共生菌のはたらきを高めていく。

　有機農業では、農地周辺の野草や作物の周囲に生える雑草をうまく活用する。草の根を好む有用微生物、草の茎葉に群がる天敵を作物栽培に誘導するのである。作物と草の共存から、微生物や天敵との共生につなげる工夫である。また、なかなか水に溶けなくて作物が吸収しにくいミネラルでも、雑草なら吸収できる場合がある。雑草に吸わせてから有機物として土に戻すことでミネラルを作物の栄養に導く「雑草緑肥」の手法がある。

　ただし、雑草の過繁茂は作物の生育にとって支障となるから、適切な抑制管理を行う。初期除草や背丈を低く抑える刈り払いなどである。雑草に代えて緑肥作物種を使う草生の方法もある。

共生のための技術と工夫

　ツバメやコウモリの事例のように、小鳥や小さな獣、カエルやトカゲなどともうまく共生することが有機農業の課題である。こうした生きものの棲息を豊かにするために、自然植生を活用するほか、農地周辺をハーブやソルガムなど特定の植物で囲う、額縁植物（がくぶちしょくぶつ）や生け垣も活用されている。

　食虫性の昆虫は、餌となる虫がいない時季は花の花粉を食べることがある。花粉からタンパク質を得るのだ。そこで、花粉を提供できるクローバやソルガムなどを農地の周囲に植栽すると、天敵昆虫を誘導して生存させる効果がある。また、餌となる虫を呼びよせたり、カエル・トカゲ・小鳥などの隠れ場所ともなるのが生け垣の効果である。このような工夫でさまざまな生物種とうまく共存・共生しようとする有機農業の技術が注目されている。

〈涌井義郎〉

(5) 地域資源の活用

地域に有用資源がふんだんにある

　海外、とくに熱帯乾燥地域の人びとが日本の農村にやってくると「資源に恵まれた国でうらやましい」と感想を述べることがある。彼らがうらやむ資源とは何だろうか。

　何より豊富なのは、森林資源と草である。樹木や野草・雑草はすべて、土を肥やす材料にできる。利用できるまでに一定の時間が必要だが、木クズや落ち葉、刈り草は集めて堆肥化させれば、優れた土壌改良材となる。木材や竹は、さまざまな建築材や農業用の道具に使える。農村のごく身近に有用資源が、まさに山のように存在している。

　次に私たちが恵まれているのが、豊富な食品廃棄物である。食品加工廃材や調理クズ、消費期限切れ食品、食べ残しなど、年間約2000万トン近くの食品残渣が捨てられている。意識して探せば、ごく身近に大量の食品廃棄物が存在しているのだ。これらを発酵処理すると、とても優れた有機肥料になる。たとえば、学校給食施設や病院、ホテルなどの調理現場で大小の生ごみ処理機が稼働しているが、肥料としての利用はあまり進んでいない。もったいない状況であり、利用促進が課題になる。

　馬、牛、豚、鶏などの排泄物、いわゆる家畜糞は年間約8000万トン排出される。家畜排泄物に含まれる窒素を無駄なく使えれば、日本農業に必要な窒素量の過半をまかなえる。実際に家畜糞の大半は堆肥化されて利用されてきたが、地域によっては農業の衰退とともに利用率が低下している。

　このほか、ワラやモミ殻、米ヌカ、クズ大豆やクズ麦、野菜残渣などの農業副産物も、地域内でしっかり利用すべきである。堆肥、発酵有機肥料、家畜飼料など、多用途に利用できる。

　地域資源のもうひとつが、生きている資源である。周辺に棲息する多様な生きもの自体が貴重な資源である。野生の生きものを天敵として、あるいは土を肥やすはたらきとしてうまく使えるかどうかが、低投入・持続的農業の要点のひとつである。

このように恵まれた地域資源を、近年の慣行農業は有効利用できていない。重くてかさばる有機物を嫌い、扱いやすい化学合成肥料主体の農業になったことで、地域資源の活用技術を失いつつある。とりわけ野生生物の活用については、慣行農業が最も苦手とする分野である。
　有機農業は、こうした地域資源の利用にスポットを当て、その価値の見直しを提案する。豊富な有機物資源を使わなければ、里山の管理不足で獣害の要因となる、家畜糞の放置が水の汚染を招く、生ごみ処分に多量の焼却燃料を必要とするなど、環境問題を悪化させる。

地域資源を活用する有機農業

　有効利用するには、利用技術を持たなければならない。草や落ち葉、作物残渣で堆肥をつくる（40・41ページ参照）、食品廃棄物や農業副産物などでボカシ肥料を調製できる、少数頭羽の家畜を飼える、手に入る木材で小屋や道具を造る技術を持つ（写真2-1）、カエルや虫などさまざまな生物の存在を意識して十分に活躍してもらえる技術を持つことが期待される。
　「農業・農村の多面的機能」とよくいわれる。こうした技術を持つ農業者が増えれば、多面的機能がより高く発揮され、農村の持続性が高まるであろう。次代の農村牽引者として、有機農業者に大きな期待がかけられている。

写真2-1　間伐材でヤギ小屋を建てる

〈涌井義郎〉

(6) 日本は有機農業を推進している

有機農業推進法の成立と基本理念

　1980年代なかばまでは、有機農業という言葉自体が一般には知られていなかった。「勇気を出してやる農業か」と揶揄された関係者は少なくない。それでも、全国に点在する数少ない有機農業者たちは、異端視されるなかで地道な努力を積み重ねていった。

　それから約20年が経過し、2006年に有機農業推進法が衆参両院で全会一致のもとに成立した。現在の日本は国が法律で有機農業を推進しているのだ。これから有機農業を志す人たちは大いに自信を持ってほしい。

　有機農業推進法では第2条で、有機農業を次のように定義している。

　「化学的に合成された肥料及び農薬を使用しないこと並びに遺伝子組換え技術を利用しないことを基本として、農業生産に由来する環境への負荷をできる限り低減した農業生産の方法を用いて行われる農業をいう」

　ただし、この定義は不十分である。なぜなら、制定の前年に日本有機農業学会が作成した有機農業推進法試案にあった「農業の自然循環機能の維持増進を図るため」という重要な文言が削除されているからである（第3条には述べられているが、定義に加えるべきだ）。また、法案成立に尽力した中島紀一氏（茨城大学名誉教授）の以下の指摘も的確である。

　「安全で品質の良い食べものを供給し、国民の健康に資するという大目的が明記されていない」（中島紀一『有機農業政策と農の再生』コモンズ、2011年）

　一方、以下の4つの基本理念はきわめて重要であり、評価できる（第3条）。
　①すべての農業者が容易に、積極的に取り組めるようにする。
　②消費者が有機農産物を容易に入手できるようにする。
　③有機農業関係者と消費者の連携を深める。
　④有機農業に関わる人たちの自主性を尊重する。
　これは、農業者も消費者も容易に取り組めず、入手できなかったそれまでの状況を大きく変えなければならないことを意味する。また、有機農業政策は、有機農業者・消費者の意見を聞いて進めなければならない（第15条にも規定）。

行政の一方的な政策形成は認められない。

　自治体で農政に携わる職員も普及指導員も農協職員も、この理念を尊重して日々の仕事に励むことが求められている。したがって、有機農業をめざす新規参入者に対して、「経営が成り立たないから止めたほうがよい」と対応するのは、法律の精神に反することになる。

国・自治体の責務

　基本理念に加えて、有機農業推進法の最大の特徴は、国や地方自治体に対して「有機農業の推進に関する施策を総合的に策定・実施する責務」（第4条1）を定めたことである。その際も有機農業関係者と消費者の協力を得て行い（第4条2）、施策を実施するための法制上・財政上の措置を講じなければならない（第5条）。「予算がないからできません」というのも、法律の精神に反することになる。

　さらに、法律を実効あるものとするために、国は有機農業の推進に関する基本的な方針を、都道府県は有機農業推進計画を定めなければならない。現在、47都道府県すべてで定められている（名称はさまざま）が、環境保全型農業の一部と位置付けられている場合もある。

　また、有機農業者などの意見の反映については第15条で「意見を述べる機会の付与…意見を反映させるために必要な措置を講ずる」とされている。だが、この規定では弱い。前述の有機農業推進法試案にあった有機農業推進検討委員会の常設が求められる。有機農業関係者は都道府県ないし市町村に対して、こうした委員会（少なくとも4分の1は公募）の設置を求めてはどうだろう。

　なお、有機農業推進法の制定は大いに評価できるものの、だからと言ってすぐに有機農業が広がるわけではない。たとえば、「貴市町村では有機農業を推進することで農村の活性化を図る考えがあるか」に「ある」と答えた市町村は31％しかない。また、農水省は2014年4月に新たに策定した基本方針で「市町村段階における推進指導体制の整備率」を数値目標に掲げた。ところが、そのことを知っている市町村も31％で、過半数を超えたのはわずか4県にすぎない（農水省生産局「市町村における有機農業に関するアンケート調査結果」2016年）。

〈大江正章〉

02 有機農業の技術

(1) 土づくり

土は生きている

　土とは何か。土をどのように理解するか。その理解の仕方と扱い方によって、地球と人類の未来が左右されてしまうかもしれない。土はそれほど大きな意味を持つ存在である。

　土には、生命のない無機物と有機物だけではなく、多くの生物も含まれている。肥沃な土1gには、数千万から数十億の微生物が生きており、それらは常に発生と死滅を繰り返す。微生物の大部分はバクテリア(細菌)であるが、藻類、原生動物、放線菌、糸状菌(カビ類)などもいる。このほか、土の中にはセンチュウ、ミミズ、ダニ、ムカデなどの小動物から、モグラやネズミも棲む。これら多種類の生物は、それぞれ異なる役割を分担したり、餌の奪い合いをしたり、お互いを殺し合って自らの栄養にしたりする。こうして、実に複雑な生命の循環ができあがっている。土は生きている。

　こうした高度な構造を持った土の中に、植物の根が伸びていく。根からしみ出る老廃物や枯死した植物の根や枯葉などの有機物に、さまざまな土壌生物が餌を求めて群がり、有機物の分解にはたらく。土壌生物による分解物は、やがて植物の根毛から吸収されて、植物を養っていく。

　土は膨大な数と量の生命を育み、常に生成流転している存在である。地球誕生後数十億年の歳月のもとで、植物を主体としたさまざまな生物活動の変遷によって生成されてきた。日本の気候でつくられる土は年にわずか2mm程度といわれているが、条件が整えばもっと多くの土が生成されることがある。

　そのとき大きな役割を担うのがミミズの存在である(図2−1)。ミミズは口に入るものは何でも飲み込む。土とともに未分解の植物遺体を食べ、消化された有機物の混じる肥えた土を糞として排出する。多い耕作地には10aあたり

約10万匹もいて、年間10トン近くの土壌を耕し、糞土(肥えた土)を5トンも出すという。5トンの糞土は地表に広げると厚さ5mm以上になる。

有機農業の土づくり

農業生産は、こうした土壌生物のはたらきに依存して成立してきた。この土壌生物のはたらき(土の生命力)を高め、維持することが、作物の健全な生育を支える何より確かな基盤となる。

・有機物を分解し、団粒構造をつくる
・土を耕す
・糞は栄養が豊富
・有用微生物を豊かにする

図2-1　ミミズのはたらき

土の生命力は、農業的には「地力」という言葉で説明される。地力には二つの側面がある。

ひとつは「栄養地力」である。作物の栄養となる窒素(N)、リン酸(P)、カルシウム(Ca)などを土壌内にたっぷりと蓄えること(養分供給能)、土壌内に常に必要十分な水分を保つこと(保水力)、根が伸びる土の深さが十分に深いこと(作土の厚さ)などがそれである。こうした栄養地力を高めるには、完熟堆肥やイネ科の緑肥作物など好適な有機物を十分に施し、腐植含量を高める。腐植が増えれば、養分や水を保つ力が備わり、栽培環境が整っていく。その環境づくりにはやはり、土壌生物のはたらきが関わる。

もうひとつの側面が「緩衝地力(緩衝能)」である。植物の地上部分は雨風、暑熱や寒冷、過湿と乾燥など大きな変動に耐えられるが、土壌中の根は大きな変化に弱い。したがって、安定した環境が健全な生育の必須条件となる。緩衝地力とは、地温・土の酸度(pH)・水分含量などを一定に保つこと(安定化能)、作物の根に有害な物質を分解除去すること(有害物分解能)、作物の病害を抑制するはたらき(発病抑止力、静菌作用)などをいう。いずれも、土壌有機物の存在と土壌生物のはたらきによって成立している。

こうした地力の二つの側面が作物生産の基盤となる。化学合成肥料などの無機物質だけでは、その向上と維持は実現できない。有機物が必須条件である。

土づくりの方法

　生命力豊かで健全な土が、栄養豊富で健康な作物を育てる。有機農業では、堆肥や有機肥料は作物の食べものではなく、土を育てる土の食べものと考える。健全な土が作物にちょうどよい質と量の養分をもたらし、同時に生育の安定を支える整った環境を提供する。このように、作物が健康に育つ条件を備えた土を養うのが土づくりである。

　具体的には、①農地土壌に好適な有機物を供給する。これを餌にして②ミミズや微生物などの土壌生物を活性化させ、そのはたらきを高める。そして③腐植を増強し、土壌の団粒構造を発達させ、養分供給力を高め、緩衝力を向上させる。

　この土づくりがうまくいけば、①作物が強く健康に育って冷害や干ばつなど気候変動の影響を受けにくくなり、②病害虫被害を受けにくくなり、③農産物の栄養価と機能性が高まり、食味や日持ち性を高める可能性があるほか、④土壌侵食の防止になる。さらに、⑤農地生態系の保全にもつながっていく。

土づくりに用いる有機物

　土づくりに使う有機物にはさまざまなものがある。まず利用してほしいのは地域の有機物資源である。山林の落ち葉や田畑周辺の刈り草など天然資源、家畜糞尿や稲・麦のワラ・モミ殻・米ヌカなどの農業副産物、生ごみや食品加工の余りものなどである。これらを十分に発酵腐熟させ、質の良い堆肥や発酵肥料にして施す。地域資源を有効利用するためには、作物栽培に適した良質な堆肥やボカシ肥料を自分でつくる技術を持つことが望まれる(40・41ページ参照)。

　有機物の施用で注意が必要なのは、必要以上に入れすぎないこと。とくに、家畜糞堆肥の使い方は慎重に行う。土の許容量以上に入れると、不健康な生育になって病害虫を呼び込む、農産物の質の低下を招くなど、さまざまな問題の引き金になる。

　土づくりは焦りが禁物である。少し足りない程度が生きものの活発なはたらきを促し、作物も健やかに育つ傾向がある。健康な生育がより良質な農産物の生産につながる。低投入安定型の作物栽培が21世紀の世界の潮流である。

緑肥作物の活用

 土づくりのために、農地で有機物を育てる方法もある。ムギ類やイネ科・マメ科の牧草種などの緑肥作物を畑で育てて土に鋤き込む。重くてかさばる堆肥の運搬と撒布に代えて、農地の現場で有機物を再生利用する技術である。近年はこうした緑肥作物を活用する有機農業者が増えてきた。

 緑肥作物種によっては劣化土壌の再生、施設栽培における余剰養分のクリーニングなどにも活用する。さらに近年、応用として害虫の天敵を呼び寄せたり、雑草を抑えるためにリビングマルチとして利用するなど、その用途はどんどん広がっている(表2-2)。

 もうひとつ、耕し方が有機農業の新しい課題である。過度の機械耕耘は土づくりの効果を弱める。できるだけ耕さない耕作法が土の中の生きものを守りやすくし、低投入を実現し、その結果として良質な農産物を育てやすくなる。こうした緑肥草生法、機械の使い方、耕す時期の検討などは、次の時代の有機農業技術として一層の探求が期待される。

表2-2 緑肥作物と利用法

植物名		利用法
イネ科	ライムギ	有機物補給、土壌保全、防風、天敵誘導
	コムギ、オオムギ	土壌保全、リビングマルチ(雑草抑制)
	エンバク	有機物補給、土壌保全、天敵誘導、センチュウ対抗
	トウモロコシ	有機物補給、防風・防虫、土壌クリーニング
	イタリアンライグラス	有機物補給、土壌保全、天敵誘導
	ソルガム	有機物補給、防風・防虫、センチュウ対抗、土壌クリーニング
	ギニアグラス	有機物補給、センチュウ対抗、土壌クリーニング
マメ科	アカクローバ	窒素固定、土壌保全、天敵誘導
	クリムソンクローバ	窒素固定、土壌保全、景観美化
	レンゲ	窒素固定、土壌保全、景観美化、蜜源
	ヘアリーベッチ	窒素固定、土壌保全、リビングマルチ(雑草抑制)
	セスバニア	有機物補給、窒素固定、排水性改善
	クロタラリア	有機物補給、窒素固定、センチュウ対抗、景観美化
	ピジョンピー	有機物補給、耕盤破砕、センチュウ対抗
その他	ヒマワリ	有機物補給、リン酸肥効改善、景観美化
	カラシナ	有機物補給、排水性改善

〈涌井義郎〉

(2) 有機栽培農地の環境づくり

多品目栽培

　有機農業で作物の栽培を成功に導くには、田畑とその周辺の環境を整えることが決め手となる。土づくりもその環境づくりの一環である。その他の環境づくりは、どのようなことを行うのだろうか。

　作物は種類ごとに栄養の吸収に特徴がある。特定の作物を連作すると、栄養吸収に偏りが生じて障害を起こすことがある。たとえば、トマトのカルシウム欠乏症やダイズのマンガン欠乏症などだ。同様に、集まってくる病源菌や害虫も作物種との相性や嗜好性があるので、単一種の作物栽培では病虫害のリスクが高まる。

　栄養吸収の偏りをなくし、病虫害を減らすためにも、農地では複数種の作物（植物）を育てることが望ましい。複数種の作物栽培を「多品目栽培」と呼ぶ。その方法は、①作付けのたびに作物種を代える「輪作」、②同時に、あるいは少し時期をずらして、畑に複数種の作物（植物）を栽培する「間作・混作」がある。こうした多品目栽培では、イネ科作物やマメ科作物などを用いて土づくりも意識して行われる。

　ただし、作付けするすべての植物が換金作物にならない場合がある。輪作のローテーションに緑肥作物を組み込んだり、畝間に天敵を呼び寄せるためのムギを播く間作、土壌伝染性の病原菌を抑制するためのネギの株元植え（混作）などの方法もある。こうしたさまざまな作物種・植物種の作付けの工夫が、有機栽培農地の重要な環境づくりになる。

　水田では稲の単独栽培を行うが、稲の生育に支障のない程度に水田雑草を生やしたり、稲刈り後に冬草を生やしたりすることが環境づくりになる。水田の生きものを豊かにすれば、病虫害の低減につながる。

　無農薬栽培で最も厄介なのが害虫対策である。何の対策もとらないと大きな虫害を受けることがある。そこで基本とするのが土着の天敵生物の活用だ。

天敵を集める手立て

　害虫の天敵として顕著なはたらきをするのがカエルとクモである。そのほかテントウムシ、食虫性のハチやアブ、カメムシ、ダニなどがいる。虫に寄生する菌類も重要な天敵である。こうした天敵を農地に呼び寄せ、繁殖させて存分にはたらいてもらうために、農地に誘導装置を準備しよう。

　天敵誘導のために、特定の植物種を農地の周囲に植栽したり、農地内で間作・混作する方法がある。バンカープランツ（天敵温存植物）といい、ムギ類やヘアリーベッチなどのマメ科緑肥作物、ハーブ類などが利用されている。

　畑地にアマガエルが増えると、さまざまな害虫を捕食する。アマガエルを畑地に呼び込むには、その近くに産卵場所が必要になる。緩い流れの小川や溜め池、水たまりなどがあるとよい。残念ながら、近年の慣行稲作では田んぼでカエルが繁殖できない。独自に畑の近くに産卵場所を設ける必要がある。

　害虫に寄生する菌を増やすことも、土づくりの一環である。畑の表土をできるだけ裸にしないで適度に草を生やす（とくに冬）、ワラや刈り草などで表土を覆う、なるべく耕耘回数を減らす、などの方法が寄生菌のはたらきを高める。

　ただし、こうした土着天敵のはたらきだけではすべての害虫を回避できない場合がある。その際は、畑の周囲を背の高い植物（トウモロコシやソルガム）で囲う防虫壁や、防虫ネットなど市販資材も利用する。アオムシ（モンシロチョウ）やオオタバコガなどの強力害虫に悩まされることがあるからだ。

排水対策、近隣農家の理解なども

　病害虫対策だけが環境づくりではない。地下水位が高くて根腐れを起こしやすい畑、一年中水が溜まって機械作業に難渋する水田などの場合は、一般的な対策として暗渠・明渠による排水対策が必要になる。

　また、田畑の周辺がすべて有機栽培であれば問題は少ないが、慣行栽培の田畑で囲われていることが多いのが実情である。慣行栽培農家の理解を得るために、雑草のタネの拡散や害虫の往来などについて、管理作業で気を遣わなければならない。周辺の草刈りを手抜きしないで行う、できるだけていねいなコミュニケーションに努めるなども、重要な環境づくりである。

〈涌井義郎〉

(3) 堆肥と有機肥料

堆肥は自分でつくれる技術をもとう

今日、堆肥というと家畜糞堆肥をイメージすることが多い。しかし、本来の堆肥は「植物遺体を堆積発酵させて十分に腐熟したもの」である。家畜糞はかつては「厩肥（うまやごえ）」と呼んだ。家畜小屋に投入した敷料（刈り草、ワラ、モミ殻など）とともに小屋から出して堆積発酵させていたので、正しくは「堆厩肥」の呼び名が適切である。伝統的な堆肥としては、このほかに落ち葉堆肥（腐葉土）、刈り草堆肥、ワラ堆肥、生ごみ堆肥などがあり、それら複数の材料を混ぜた堆肥も多かった。

現在の有機農業では、家畜糞堆肥も植物遺体主体の堆肥も含めて、そのつくり方と使い方が課題になっている。自家でつくらずに畜産業や堆肥業者からの導入に頼り、自分の農地や栽培する農作物に適しているかどうかよく分からないままに利用している例が多い。堆肥を自分でつくる技術を持たない有機農業

●発酵有機物（堆肥）をつくって使う技術を身につける

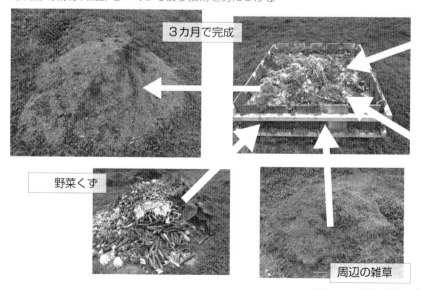

図2－2　自作堆肥の例

は問題が多い。

　導入堆肥であれ、自作堆肥であれ、その使い方を誤れば、栽培途中で病害虫の発生を促したり、生産物が不良品質となることがある。課題は、堆肥の質と投入量の関係である。

　堆肥の質としては、植物（草本）由来の繊維質を豊富に含むことが望まれる。一般的に言えば、含有炭素量と窒素量の比（C/N 値、炭素率）で 20 以上の堆肥が期待される。ただし、堆肥の材料、発酵腐熟の程度、使用する農地の土壌、使用する時期、投入量などによって、影響はとても複雑である。自分の農地の土壌を正しく知り、作物栽培の経験を積むことを前提にして、身近に手に入る材料による適切な堆肥の自作が期待される。自分でつくる技術があれば、導入堆肥も正しく利用できる。

有機肥料

　「雨ざらしでも悪臭や有害ガスを発生する腐敗に傾かず、比較的長期間に徐々に発酵分解して黒い土状のものに変化していくような堆積物」を堆肥と呼ぶのに対し、「米ヌカや油カスなど雨ざらしではすぐに腐敗するような材料を屋根の下で短期間に発酵」させたものをボカシ肥料と呼ぶ。

　どちらも大枠では有機肥料に違いないが、堆肥は土壌の物理・化学性の改善を期待され、ボカシ肥料は主に肥料効果を期待される。土壌の生物性の改善効果は、両者に期待できる。材料の用い方によって堆肥とボカシ肥料の中間的な効果を持つものがあり、それを堆肥と呼ぶ人もボカシ肥料と呼ぶ人もいる。

　発酵腐熟の過程を経ない生の米ヌカや油カス、生の家畜糞なども有機肥料として利用例がある。ただし、こうした未発酵有機物の投

モミ殻、稲ワラ、米ヌカ、腐葉土など、入手できる材料を加えて積む

ナス、ピーマン、オクラなどの茎、トウモロコシの茎や葉などを、山に積んで1年放置

（身近な有機物を活用する）

入は、タネ播きや植え付けの前に、土中での発酵に一定期間(夏季で半月〜1カ月、冬は1カ月以上)が必要である。すべての有機物は発酵初期に、植物根にとって有害な物質を発生させるからである。

　日本では、有機肥料に利用できる材料にこと欠かない。地域には、実に豊富に多種多様な有機物資源が存在している。農地の周辺にある天然の有機物資源から、食品産業廃棄物、生活廃棄物としての生ごみまで、適切に利用できる技術あるいは地域システムを持っているかどうかがカギである。うまく利用できれば、市民生活や他産業にとっても有益であり、環境問題の解決にも貢献できる(図2－3)。

図2－3　生ごみの堆肥・ボカシ肥料利用

〈涌井義郎〉

●コラム2

◆◆ 生ごみは宝、堆肥化して活用しよう ◆◆

　日本では、年間約1700万トンの生ごみ（食品廃棄物）が排出される。このうち家庭生ごみが約1000万トンで、その約95％が焼却処分されている。水分の多い生ごみの焼却にはトンあたり760ℓの重油が必要で、2018年10月の単価82.3円で試算すると、950万トンの焼却費用は約6000億円もの膨大なコストになる。

　焼却で発生するCO_2は生ごみ1トンで約2050kgというから、環境負荷もきわめて大きい。燃やさずに資源としてリサイクルすべきである。

　全国各地で「生ごみ堆肥化」の市民活動がある。家庭の生ごみや学校給食の残渣などを収集して堆肥化し、農業や家庭菜園での利用を進める活動だ。しかし、残念ながら農業での利用があまり進んでいない。

　生ごみ堆肥の農業利用が低調なのは、収集と堆肥化の事業が公共化されていないからだ。生ごみは堆肥化すれば、利用価値が高い。陸上の植物のほか、魚や肉、海藻などに由来する豊富な栄養素が含まれている。積極的な活用が望まれる。

　生ごみは水分が多いので、単独での発酵腐熟が難しい。乾いた有機物と混ぜて、水分調整が必要である。混和調整材は、モミ殻、オガクズ、刈り草などのほか、完熟堆肥も使える（もどし堆肥）。

　栃木県南部の隣り合った3町では、それぞれ町内の生ごみを集める堆肥センターが稼働している。きっかけは、芳賀町のある農業者が「生ごみは資源で、農業利用すべきだ」と始めた堆肥化事業である。20年余の事業活動の過程で隣町にも影響を与え、茂木町と高根沢町は町の事業として堆肥化施設を建設した。

　生ごみに混ぜる有機物は多彩だ。地域の畜産廃棄物や間伐材処理チップに加えて、市民が集めた里山の落ち葉も持ち込まれる。生ごみを集めて堆肥化し、地域の農業者が利用して生産した農産物が市民の食卓に載る。生ごみを介して市民と農業者の環がつながる。こうした好循環ループの動力として、有機農業者の参加が期待される。

〈涌井義郎〉

(4) 病害虫や草とのつきあい方

作物を強く健やかに育てる

　有機農業の病害虫対策の基本は、土づくりによる作物の健康な生育である。作物種ごとに、どのような状態が健康な育ち方なのか常に観察し、確認する。多くの有機農業者の経験によれば、多投入による**窒素過多**は不健全な生育に傾く。生産量の増大をねらいすぎない、やや低投入が作物の健康を引き出す。使用する有機物は、植物由来で窒素含量がやや少なめの完熟した堆肥がよい。堆肥の過剰投入や速効性の有機肥料で「速く大きく」を促すと、病害虫を誘いやすくなる。作物は「じっくりゆっくり」育つのが望ましい。

　耕し方や栽培管理の工夫による対策や、各種の資材や有用植物を利用する方法も、たくさんある。どのような技術の組み合わせが適切かを状況に合わせて探究し、試行して、自分に合った病害虫対策・雑草対策を見つけ出せるようにするとよいだろう(表2-3)。

表2-3　有機農業の病害虫・雑草対策

	技術例	害虫対策	病害対策	雑草対策
耕種的対策	土づくり(有機物、緑肥作物)、適切な肥培管理	○	○	
	抵抗性品種の利用、接ぎ木		○	
	多品目栽培、輪作、間作・混作、対抗植物	○	○	
	緑肥草生(カバークロップ、リビングマルチ)	○		○
	太陽熱処理、土壌還元処理	○	○	○
物理的対策	防虫ネットや不織布の利用	○		
	ポリマルチの利用		○	○
	粘着トラップの利用	○		
	黄色光・紫外光の利用	○		
	耕耘法			○
生物的対策	生物農薬(市販の天敵、微生物製剤)	○	○	
	土着天敵の誘導	○	○	
	有機物マルチ	○	○	○

作物の病害対策

　作物の病気の原因は主に3つである。①特定栄養素の過剰、または不足によ

る生理的な障害、②作物根からの老廃物による自家中毒現象、③病原菌や微細動物による病害である。

①は、栄養素の過不足を解消すれば解決する。すべての栄養素を含む「完全肥料」と呼ばれる堆肥の施用を継続していれば、この障害は起こらない。

②への対策は、根からの老廃物を分解除去する微生物を豊富に棲まわせることである。堆肥やボカシ肥料によって、土壌中の微生物を豊かにする土づくりが基礎になる。

写真2−2　ナスの間にコムギの草生栽培

③への対策は、病源生物の増殖を抑制する生きものの存在がカギである。ミミズや有機物分解に関与する微生物がその役割を担う。堆肥やボカシ肥料、緑肥作物、畝間草生(写真2−2)などによる土づくりが有用生物の増殖につながる。

作物を強く健康に育て、病害の原因を生じさせない土づくりと環境づくりが有機農業の病害対策であり、本来の作物栽培のあり方である。

害虫対策

害虫対策の要点は、農地内外の生態系を豊かに育むことである。畑の表面に小さなクモやゴミムシなどがいつも這い回り、作物の茎や葉にもクモやテントウムシ、小さなハチやカエルをたくさん見かける。畑にそんな環境をつくり出すことができれば、もうバッチリ。多様な生きものが棲息する田畑づくりが害虫回避の技術基盤である。

ちなみに慣行農業で使っている殺虫剤は、害虫を殺して排除すると同時に、害虫を補食してくれる天敵のクモやテントウムシをも駆除してしまう。結果的に天敵のいない空間になり、その後に周囲からやってくる害虫の天国になる。だから、害虫被害の増大が起こりうる。このような現象はリサージェンスと呼

ばれ、よく知られている。

　有機農業は、農地内外に豊かな生態系を育み、恒常的で多様な生物群のはたらきで害虫の増殖を抑えるような環境づくりを大切にする農業である。

　これからの有機農業では、特定作物の大規模専作経営、管理型の施設野菜経営、有機果樹経営なども増えるであろう。こうしたタイプの有機農業では、**生物多様性**の環境づくりだけでは対処できない場面も想定される。防虫ネットやフェロモン剤、**生物農薬**なども多く利用されることだろう。

　一方、農地の生態系と作物の健全な生育の関係については、相当に科学的な解明が進んでいる。今後、病害虫対策として生態系サービスを応用した有機農業技術が次々と紹介されるだろう。就農前の研修では指導者の豊富な経験に学び、就農後もさまざまな角度から学びの機会を持ち続けたい。

雑草とのつきあい方

　有機農業の作業で大きな位置を占めるのが雑草対策である。常に完璧に除草を続ける農法から、あえて草を生やして活用しようとする農法まである。どの農法を選ぶかによって、雑草対策はずいぶん違ってくる。

　草を活かす農法においても、基本的に雑草を伸ばし放題にはしない。適度な除草(草刈り)や抑草(フィルムマルチ・有機物マルチ・リビングマルチによる遮光により発芽を抑制)によって、作物への悪影響を少なくする措置がとられている。とりわけ作物の生育初期は、草に負けないように除草をするのが一般的である。現実的には除草と抑草の使い分けが課題になる。

　一般的な除草方法としては、除草農具を使う手取り除草、畝間耕耘や土寄せなど管理機を用いた機械除草のほか、近年は太陽熱処理がよく利用されている。

　有機野菜経営で、**軟弱葉物野菜**(ホウレンソウ、コマツナ、ベビーリーフ、葉ネギなど)を周年で複数回連作するケースでは、基本的に除草を徹底する。マルチフィルムや除草機械は使いにくいので、太陽熱土壌処理による「草を生やさない」技術が普及している。これは、施肥・耕耘・整地した畑の表面に透明フィルムを一定期間カバーして太陽光の熱をこもらせ、雑草種子の発芽能力を奪う方法である(写真２－３)。フィルムを剥がしてタネ播きすれば野菜だけが発芽し、草は生えない。

この技術は高い効果が期待できるため、頻繁に行う例がある。ただし、地力の消耗を早めたり、熱に強い特定雑草種をかえって増やしてしまうという失敗例がある。

雑草草生を活用するには、刈り払い機やハンマー

写真2－3　太陽熱土壌処理。この後にニンジンを播く

ナイフモアで畝間の草刈りを行う。抑草の方法としては、稲ワラや刈り草、モミ殻などを敷く有機物マルチ、アレロパシー効果を持つ特定の植物を草生させるリビングマルチ技術も普及してきた。リビングマルチは抑草だけにとどまらず、緑肥効果や土着天敵の呼び寄せなど多くの効果が注目されている。近年よく使われるのは、ムギ類やヘアリーベッチを畝間に生やす草生栽培である。

除草にしても抑草にしても、雑草対策のポイントは先手先手の作業ができるかどうかである。草を排除したほうがよい作物（背の低い葉菜類・根菜類、ムギやダイズ）と、草生を利用しやすい作物（果菜類など）の区別などを、農法の選択や作付計画の段階から念頭に置くことが重要である。

コラム3　アレロパシー

「植物が持っている天然の物質が、体外に何らかの経路で放出され、これらが他の植物や昆虫、微生物、小動物ひいては人間にも、何らかの影響を及ぼす現象」（藤井義晴『アレロパシー』農山漁村文化協会、2000年）を意味する。コムギやダイズは周囲の雑草の発芽を邪魔する物質を出し、ミントやバジルは葉を食べようとする害虫が嫌う臭いを発散する。ニンニクやトウガラシの辛み成分は腐敗菌を寄せ付けない効果がある。

こうした物質を他感物質といい、タバコのニコチン、ワサビのアリルイソチオシアネート、ミントのメントールなどがその例である。有機農業では、こうしたアレロパシー効果を病害虫や雑草対策技術として多面的に活用する。

〈涌井義郎〉

(5) 品種の選び方と自家採種

品種の選び方

　有機栽培で使う品種は、地域に残る在来種（ざいらいしゅ）や、地域で採種されて代々ほぼ同じ形質が受け継がれた固定種を優先させよう。就農当初の経営安定のためには、良い形質や病害耐性などを備えたＦ１（異なる性質の品種を掛け合わせた第１世代）種など優秀な市販品種の利用もよいだろう。ただし、Ｆ１種でタネを採ると先祖返りしていろいろな形質のものができ、Ｆ１種と同じようには育たない。

　ウェブサイト「有機農業をはじめよう！」には、北海道から九州・沖縄まで、都道府県別・作目別の経営指標と、利用した品種が紹介されている。就農地や栽培したい作型を考慮しながら、栽培したい品種を探してみよう。

　直売などでは、早晩性（そうばんせい）の異なる種を続けて栽培すれば、長期間の出荷も可能である。実際には売れ筋の品目を多めに作付けることになる。就農後に想定する販路に応じた作物を基本に、最適な栽培体系を見つけ出すようにしよう。

自家採種のすすめ

　私たちが日々食べている作物は、もともと野生植物からヒトが長い時間かけて選び出して作り出したものである。タネを播いても一斉に発芽しなかったり、収穫時にタネがこぼれ落ちたりするような野生植物が持っていたヒトにとって不都合な性質を、栽培を通して都合のよい性質の品種へと遺伝的に変化させてきた。現在、私たちが目にする栽培作物は、多くのヒトが関わって選抜された歴史的産物でもある。

　自家採種をしたエダマメのタネと市販のエダマメのタネを自家採種した畑で比較栽培したことがある。平年時には生育に差が見られない。ところが、播種後降水量が極端に多い年には、市販のタネではタネバエの被害がひどく、ほとんど発芽しなかったのに対して、自家採種したタネでは被害が見られなかった。自家採種を続けることで、それぞれの畑の性質（土壌や気象条件など）に合った環境適応能力を備えたタネになっていくのだろう。この能力を利用して、肥料を与えず、耕起をしないなど作物にとって厳しい条件の畑で採種すること

で、少ない肥料で育つ根張りの良いタネの選抜も可能である。

　さらに、**自家採種**をすれば購入するタネを減らすことができるから、栽培に関わる経費の削減にもつながる。

　スーパーの野菜売り場に並ぶ商品としての根菜類（ジャガイモ、ニンジン、ダイコンなど）、葉菜類（ハクサイ、キャベツなど）、果菜類（トマト、キュウリなど）を見ていても、それぞれの作物の一生（タネからタネまで）に思いをはせることはまずないだろう。しかし、栽培を手掛けると、作物のどの生育段階で収穫しているかに気づき、さらに採種を行えば、作物の一生を知ることができる。採種は特別な行為ではない。古くからそれぞれの土地に合ったタネを、ヒトが生きるために守り育ててきた技術なのである。

自家採種の実際

　自家採種のしやすさは、作物の食べるところと関係している。

　マメ科やイネ科のように作物のタネをそのまま食べる作物は、収穫時に採種できる。なかでも、ライムギ、エンバク、ヘアリーベッチなどの緑肥作物のタネは容易に採種できる。一度購入したら、翌年からは自前のタネを利用しよう。

　食べる部分が完熟した果実であるカボチャ、スイカなどは、中にあるタネをそのまま利用できる。気に入った果実のタネを保存し、利用しよう。

　トマト、キュウリ、オクラ、インゲン、エンドウなど食べる部分が未熟なものは、収穫せずにそのまま完熟させる必要がある。味や形などが気に入った果実に印を付け、採種しよう。

　最も手がかかるのが、生長途中の一部を食べるため、収穫時期を過ぎた後も栽培し、花を咲かせ、そのタネを採るダイコン、ニンジン、カブ、タマネギなどである。その際、色や形などが気に入った性質のものを選ぶ、母本選抜を行う。とくにアブラナ科は、異なる品種と掛け合わさる交雑が起きやすいので、ネットで覆うなどの対策が必要である。

　タネは生きている。十分乾燥させた後、乾燥剤とともに密閉容器（ガラスビンなど）に入れて、品種名・採種年などを明記し、冷暗所に置けば、長く保存できる。

〈藤田正雄〉

(6) 育苗培土(床土)

苗半作という言い習わし

　農業の世界でも、昔からさまざまな格言や言い習わしがある。「苗半作」はその代表的なひとつ。苗のでき具合が良ければ栽培の半分は成功したようなもの、反対に苗が悪ければ収穫量が減るおそれがあるから、「苗作りをおろそかにするな」という戒めの言葉である。

　ニンジンやダイコン、ホウレンソウ、ダイズ、ムギなどは本畑に直播きするが、キュウリやナス、キャベツなどは基本的に苗床で育苗する。こうした苗のできを左右する最も大きな要素が育苗培土(床土:「しょうど」とも「とこつち」ともいう)である。良苗にするためには、なにより床土のつくり方が重要である。良い床土の条件を挙げてみよう。

　①排水性と保水性に優れていること

　②育苗期間中に必要な肥料分を保ち、とくにリン酸分を十分に含むこと(作物種ごとに育苗期間は異なる)

　③病原菌や雑草のタネが少ないこと

　①については、排水性は完熟堆肥(腐葉土など)で、保水性は畑土または田土を混ぜれば整えられ、両者の混合が良いとされている。保水性はやや劣るが、腐葉土だけの床土も可能である。

　②については、堆肥中に蓄えられた栄養分を基本とし、足りない分は肥料で補う。有機栽培では米ヌカや油カス、ボカシ肥料などを適量混ぜ込み、1カ月ほど寝かせて、発酵微生物が落ち着いてから使うのがコツである。微生物の増殖中は苗の生育を邪魔することがあるので、注意しなければならない。

　③の病原菌対策は、完熟堆肥中の拮抗微生物に期待する。堆肥やボカシ肥料中の発酵微生物が病原菌の増殖を抑え込むはたらき、すなわち拮抗作用がある。完熟堆肥だけでは不安という場合は、ボカシ肥料の微生物を足す。混和調整後に一定期間寝かせて使うことは、前述したとおりである。

　③に関して、畑土を混ぜる場合に病原菌がいないことが大切である。畑の表土はできるだけ使わず、50cm以下の深い土層から採取して使うと危険が少な

いし、雑草のタネも少ない。田土には畑土に特有の病原菌や有害センチュウが少ないので、畑土よりお勧めできる。保肥力も畑土より良い。

　野草や雑草などを主原料とする堆肥には、草のタネが多く生存していることがある。床土はその点で不向きであるが、使えないわけではない。広葉樹の落ち葉の腐葉土は雑草のタネが少ないこともあり、最も良質な床土材料である。

自分で腐葉土をつくろう

　近年、有機農家でも床土をつくらない事例が増えている。床土づくりの手間を省きたくて培土を購入するのだが、購入培土には肝心の有用な微生物のはたらきを期待できない場合が多い。さらに言えば、農地周辺の生態系を学ぶ機会が持てない。里山の落ち葉をさらい、踏み込み温床をつくり、腐葉土づくりを恒例作業にすれば、有機農業ならではの醍醐味と学びの機会に恵まれ、土着生物の多様なはたらきに助けられる。

　腐葉土は、1～2年の堆積発酵・分解過程が必要である。1年未満、3年以上のものは保水性や保肥性、微生物性の機能が劣ることがある。

　腐葉土は野天、雨ざらしでつくるとよい。カブトムシが産卵し、たくさんの幼虫が落ち葉を食べて育ち、腐葉土中にヒマワリのタネのような形をした黒い糞がたくさん溜まる。カブトムシのお腹には窒素固定菌が棲むので、腐葉土に窒素分が増えるのである。ミミズのはたらきも大きい。

　広葉樹の落ち葉には、土着の有用微生物が豊富に付着している。樹林の落ち葉の下はいわゆる拮抗微生物の宝庫だから、集めた落ち葉からつくる腐葉土は、健苗（けんびょう）育成の最大のポイントである。発酵微生物のはたらきはもとより、近年になって研究が進んでいるエンドファイトの活用も、腐葉土育苗が決め手になると考えられている。

　残念ながら、市販されている腐葉土には、カブトムシや拮抗微生物のはたらきが期待できないかもしれない。落ち葉採取の現場が分からないし、袋に密封している期間が長いと微生物叢が変わってしまうと考えられるからである。

〈涌井義郎〉

(7) さまざまな農法がある

農法は多彩

　有機農業という言葉は、農業生産の技術的な特徴をいうとともに、経営や暮らし方までを含んでいる。一方、有機農法とか自然農法などの「農法」という言葉は、生産技術の側面(その技術採用の主義主張を含む)に限定して使われる。

　有機農業の農法については、その姿はとても多彩で、一概に類型化は困難である。化学合成肥料を有機肥料に、化学合成農薬を生物農薬に置き換えて、慣行農法に準じた手法で行う農法から、無施肥・不耕起で行い、農地内の自然循環機能に多くを委ねる農法まで、広く大きく含まれる。

　実は、○○農法などと呼び分けるのは、それぞれの農業者が自らのやり方に呼び名を付けて使っているのであって、学者が客観的に分類体系化したわけではない。したがって、農法の呼び名が技術を正しく説明している保証はない。

農業理念が農法に表れる

　有機農業を志す人たちがその先に何を見つめているかによって、就農時に取り組む経営の形が異なることがある。その違いは農法にも表れる。

　ひとつは、農業経営の成功に向ける関心が強い場合である。就農のための情報を集めるにしたがい、農産物需要の動向に目を向けて有機農産物を売れ筋の商品と考え、その帰結として「求められる品目」や「取り組みやすい栽培型」に特化する。これまでの典型例が施設葉物野菜の周年栽培である。施設準備などの初期投資が必要なので、その償還のためにも企業的な経営能力が求められる。

　もうひとつは、「農的な暮らしをしたい」「豊かな自然と共生する農業をしたい」「環境や資源の問題に関心がある」という人たちである。地域資源の活用を重視し、農村周辺の野生生物や伝統的な食文化、暮らし方などに向ける関心の対象が広く、金銭には比較的関心が薄い。このような就農志向者は多品目作物にチャレンジし、ときには自家加工にも取り組むなど、農的暮らしを存分に楽しもうとする。その多くは多品目小規模家族経営の道を選ぶ傾向がある。

こうした就農目的の違いが農法的な姿勢にも反映する。そもそも目的意識が大きく異なるので、用いる資源、資材、技法に違いが表れる。

前者は、食品卸業や量販店などの事業者を仲介して不特定多数に販売する有機農産物経営である。実需者からは安定した商品供給と有機JAS認証を求められることが多い。生産物の外観や均一性が課題になり、量的な求めに応じようとする意識が優先するため、用いる資材や技法に関しても経営合理性が優先される。土壌診断を基にして市販の有機肥料を用い、病害虫対策は生物農薬や防虫ネットを多用するなど、技法の基本は慣行農業の考え方に近い。

後者は、地域資源でじっくり土づくりし、多様な生きものを農法に活用し、その積み重ねによって低投入・持続的生産が可能な地味豊かな農地を手にしていく。市販資材の利用は概して少ない。就農当初は「なかなか儲からない」ことから経済的な苦労がある。それでも、長年の積み上げで省力と低コスト技術を体得し、自然環境との共生についてもその学びが深化し、結果的に足腰の強い持続性のある有機農業者に育つ可能性がある。

堆肥と有機肥料の使い方

堆肥やボカシ肥料の使い方によって、以下の5つのグループ分けができる。
①基本的に、入手できる有機物はこだわらずに使う。
②主義として家畜糞を使わない。
③炭素率が高く(窒素含量がごく少ない)、難分解性の木質由来有機物(オガクズ、生木のチップなど)を主に使う。
④農地には基本的に無投入・無施肥で、農地周辺の落ち葉と刈り草のみ堆肥化して使う。
⑤農地にはまったく何も持ち込まない。

量的な生産性としては①が比較的高く、④と⑤が低いのは想像どおりであるが、④や⑤の農法でも毎年一定の生産を維持できるのが有機農業の魅力である(写真2-4)。この無施肥農法において、土壌生物のはたらき(自然循環機能)が確認できる。ここに有機農業技術の根源的なヒントがあり、有機農業全体に波及応用したい技術課題が存在する。もちろん、①～④の各農法でも有機物の活用方法についてそれぞれ貴重な示唆があり、相互に学ぶべき価値がある。

耕し方

有機農業でも農地を耕すのはトラクターや管理機などの機械であり、慣行農業と基本的に変わらない。ただし、一部に(a)機械耕耘を「まったくしない(不耕起)」、または(b)「限定的にしか耕さない(最少耕耘・部分耕耘)」事例がある。

写真2-4　不耕起無施肥のキュウリ栽培

不耕起は、無施肥と組み合わされていることが多い。なぜなら、機械耕耘は土壌有機物の分解を促すので、耕耘回数が増せば増すだけ施肥(有機物投入)を多く必要とするからだ。無施肥を目的化すれば、必然的に不耕起が必要になる。不耕起で栽培すると、土壌生物の活動による土づくり効果(ミミズと微生物による土壌物理性改善、窒素固定菌やエンドファイトの栄養補給効果)が高まることも背景にある。

こうした不耕起効果を部分的に利用しようとするのが(b)である。最近では、この最少耕耘が世界の潮流になろうとしている。土づくりの科学と生産性確保の両面から考えるならば、今後はすべての農法でできるだけ「最少耕耘」法を意識することが望ましい。

また、有機農業においても、46ページで述べたように、基本的に雑草を伸ばし放題にすることはない。例外的に、(a)の不耕起では耕耘による除草を行わないため、作物の周囲には常に雑草が生えている。この農法では、頻繁に草刈りが行われ、刈り草は作物の周囲に「刈り敷き」されて抑草に利用される。すなわち、不耕起・無施肥栽培は無除草・刈り敷きとセットになっているのである。

〈涌井義郎〉

コラム4

◆◆ 技術と技能 ◆◆

　農業技術という言葉の受けとめ方には、農業者と科学者(研究者や技術者)で微妙なニュアンスの違いがある。農業者は、資材の使い方や折々の作業の仕方など「具体的に何をしたらいいか、自分の行動方法」と考える。これに対して科学者(研究者や技術者)は、「科学の成果として、誰でも同じように良い結果を得られる手段」(科学技術、テクノロジー)と考える。

　農業者が日々使う技術は、学んで得た科学技術の成果に自分の経験から身につけた技能(スキル)を折り込んだ、ごく個人的な領域である。したがって、ある農業者が生み出した技術は、ときとして他の人がうまく真似できない。それは農業者の肉体の特徴や経験、所有する道具、耕作する農地の特性、周辺の自然環境、土地の気象など、彼が持っている諸条件のうえに自ら形づくった「行動方法(農法)」だからである。

　すなわち、農業者の技能は、個人的な経験の積み重ね、反復練習によって体得した熟練の技と、問題対処の術や勘所＝状況判断力を併せた個人的な総合力である。誰でも同じようにはできない。

　このような農業者特有の技術や農法は、他人が完璧に写し取ることは難しい。農業研修では、指導者が持つ技術のうちまず科学技術部分を目と耳と口で学び、技能部分は長期間農作業を共にして「盗み取る」「体得する」しかない。農業研修の訓練的な特徴はここに由来する。

　慣行農業は、こうした農業技術の個人的な部分をそぎ落として「マニュアル化」を進めてきた。それを可能にしたのは、化学合成肥料と化学合成農薬と機械化である。工業技術のあり方を真似し、それに従属してきたといってよい。

　一方で有機農業は、工業技術由来の資材多投入からできるだけ脱却を図ろうとする目標を持つ。農業者個人が多くの技術を身につけ、総合力を存分に発揮する世界である。

　日々新たに生まれる科学技術も、個人的に体得する技能部分も、しっかりと学びたい。

〈涌井義郎〉

(8) 栽培スタイル——多品目栽培から品目をしぼった栽培まで

　有機農業の栽培方法は、「良質な堆肥を施用して土づくりを徹底し、輪作を含めて従来から受け継がれてきた栽培」に加えて、「肥料成分をまったく施用しない無肥料栽培」や「土や作物の成分を徹底的に分析し、作物の最適条件を追求・調整し、有機栽培で使用可能な資材を駆使して病害虫への対策はもちろん、多収を目標とした栽培」まで、幅広く存在する。栽培品目も、50種類を超える少量多品目栽培から品目をしぼった大規模栽培まで多様である。

　その方法は、農業者が「どのような考え方、暮らし方で栽培したいのか」の表れでもあり、一人ひとり違って当然ともいえる。ともあれ、農業で自立した経営をするには、栽培方法と農産物の販売方法とをセットで考える必要がある。主な栽培スタイルの特徴を紹介しよう（60・61ページも参照）。

野菜栽培の3つのスタイル
①多品目野菜栽培
　農的暮らしの実現や買い支える消費者との交流が、栽培の原動力になる。市販資材の使用を減らし、落ち葉など身近な材料を活用した堆肥の自給や自家採種によって、経費を削減した栽培が可能になる。また、年間を通じて多くの品目を小面積で栽培するため、リスクの分散も図れる。農的暮らしを重視する経営では、自家用と個人宅配用に水稲を栽培する場合もある。その面積は、田植機があれば30〜50a、手植えの場合は10a程度。

②中品目野菜栽培
　家族経営を主としながら、より収益の向上をめざした栽培。効率的に農作業を進めるため、市販の資材を活用しながら品目をしぼって経営規模の拡大を図る。品目をしぼることで、個々の作物の栽培技術の向上が図りやすいという利点がある。少量多品目栽培から、栽培技術や農作業管理能力の向上とともに、生産者のグループ化を図ったり、限られた品目を多量に必要とする販路の関係で移行するケースも見られる。栽培面積を確保することで、土づくりを目的に緑肥作物の栽培を組み合わせた輪作体系を実施している人たちも多い。

③施設野菜栽培

 葉菜類、果菜類など品目をしぼった施設野菜栽培では、外観的な品質向上が実需者側から強く求められる。したがって、よりきめ細かな病害虫対策が必要となる。そこで、①栽培時期をずらし、リスクを分散する、②窒素成分の少ない質の良い堆肥(たとえば草質堆肥)や有機質肥料(自家製ボカシ肥料)を土壌の状態を考慮しながら施用する、③自然に近い状態にリセットするため、収穫終了後、一定期間ハウスのビニールをはがし露地状態にする、などの対策が必要である。それでも抑制できない場合は、病害虫の発生初期に、有機JAS認証で使用可能な資材の併用などで対応する。

 施設内は、気温・地温ともに屋外より高温になる。施設内の高温は乾燥をともない、いわば熱帯性乾季に似た環境で野菜を管理することになる。土壌有機物の分解消耗は速くなるから、完熟堆肥の施用に心掛けるなど地力維持には露地栽培より注意が必要である。露地栽培も併用することで、野菜の本来の育ち方を常に観察できるとともに、リスク分散にもなる。一方で、栽培方法のマニュアル化によって雇用労働力を増やし、規模拡大を図る傾向にある。

水稲単作

 水稲の品種は、地域の気候や緯度によって異なる。各道府県で奨励品種(数品種)が指定されているので、参考にしよう。土づくりのための堆肥の撒布や有機質の補給は、稲刈り直後の秋に行うことが望ましい。積雪などで秋作業が困難な場合は春に行う。

 有機水稲作の課題は、雑草対策。適期に対応すれば抑制は可能であるが、栽培面積が増えると計画的な対応が求められる。漏水は雑草の発生原因になるため、水田の畔ぬりと代かきはていねいに行うことが大切。代かきを行うと雑草のタネが表層に移動し、発芽が始まる。1回目の代かきでは雑草の発芽を促し、約10～15日後の2回目の代かきで発芽した雑草を埋め込むか浮かせる。その後は田植えまで湛水状態を保ち、田の表面を露出させないように管理することで、1年生雑草(ヒエ・コナギ・ホタルイ)を抑制できる。多年性雑草(クログワイ・オモダカ)は冬の水田の乾燥化、2毛作や田畑転換によって対処する。

〈藤田正雄〉

⑼ 作物栽培と家畜飼育の連携

　かつての日本はどの地方でも、作物を栽培するかたわら、多くの農家が家畜を飼っていた。馬、牛、豚、山羊、鶏などである。一般的な飼育数は、牛や豚などであれば1～数頭、鶏なら10～50羽ほど。こうした家畜の飼育には経営上の理由があり、技術的なメリットがあった。

　第一の理由は、作物栽培の余りものを無駄にしないで餌に使い、乳や卵、鶏肉などの自給食料(タンパク源)に変えるためである。また、これらを売って収入にもした。余りものというのは、人の食料に適さないクズ米や米ヌカ、クズ麦や野菜クズなど。飼料用のトウモロコシや雑穀の栽培も行われた。これらにワラや残飯、刈り草などを加えて餌としたのである。肥育した豚や鶏卵、生まれた仔牛などは、貴重な現金収入になった。こうした家畜の世話には老人や子どもも関わって、飼育技術が世代を超えて受け継がれていた。

　第二の理由は、堆肥を得る必要があったからだ。牛小屋や鶏小屋に刈り草や稲ワラ、モミ殻を敷き、ここに糞尿を落とす。そして、定期的に小屋から出して堆積し、切り返しを行いながら良質の堆肥をつくっていた。尿もワラや敷き草に吸着させて無駄にしなかった。たとえば、牛1頭と鶏20羽がいれば、ワラや生ごみなどと合わせて、かつての日本の平均耕作面積1ha余の農地に入れるための十分な堆肥がまかなえたのだ。

　第三の理由は、役畜(えきちく)として利用したからである。耕耘機やトラクターがなかった時代は、馬や牛が荷車や田んぼを起こす鋤(すき)を引き、代かきに役立っていた。植物質の自給飼料を動物のエネルギーに代えて、重くてきつい作業を担わせていたのである。

　現代では役畜としての利用はないが、作物栽培の副産物を有用資源として畜産物に転換し、家畜糞尿から堆肥などの土づくり資源につくり変えることの意義は変わらない。作物栽培と家畜飼育が互いの不足面を補い合う「耕畜連携」は、資源循環の重要な課題のひとつである。

有機農業が受け継ぎ、伝えていく耕畜連携の技術

　現代の農業は作物栽培農業と畜産業に分業化され、作物を栽培しながら家畜を飼う農業者はとても少ない。現代の「畜産」は、かつての「家畜飼育」とは技術的にかなり異質なものになっている。米ヌカや野菜クズなどの作物栽培の副産物の利用は、容易ではない。排泄物が堆肥化されても、多くの場合は産業廃棄物であり、作物栽培に適するように意図してつくられたものではない。分業における耕畜連携はなかなか難しい。

　経営内で作物栽培と家畜飼育の両方を行う「**有畜複合農業**」は、身近な資源をうまく使い、効果的に循環させることのできる優れた技術体系であった。経済合理性に欠けるという理由で、1960年代後半以降に激減し、結果的に伝統的な家畜飼育の技術が地域から失われつつある。

　こうした状況のもとで、**有畜複合農業に取り組む有機農業者がいる**。慣行農業者がほとんど捨て去ってしまった「経営内耕畜連携」の技術を受け継いで、次の世代に伝えていこうとしているのだ。

　一般的な野菜栽培や稲作の有機農業者は、堆肥や有機肥料またはその原料を、畜産業者や肥料業者から入手して使っているケースが多い。一方、**有畜複合農業者は家畜飼料の一部を購入するにしても、堆肥の素材や有機肥料の原料は自給できる**。それは、作物栽培に必要な堆肥や有機肥料の製造技術を持っている、ということでもある。すなわち、熟練の土づくり技術を持つことの証明でもある。

　家畜飼育の技術と資源循環技術の両方に精通していることは、有機農業にとどまらず、農業全体にとって価値ある資産である。こうした技術資産は、必ず次の世代に伝えていかなければならない。有機農業者だけの役割ではないが、技術資産の伝承は非常に大事な課題である。

　また、**有畜複合農業**には、作物栽培のかたわら鯉や鮒、鱒など魚を飼うこと（養魚）やミツバチの飼育（養蜂）も含まれる。

　植物と動物の連携は、自然生態系のありようそのものである。家畜飼育は、自然の恵みに連なる人の暮らし方の原点のひとつであり、重要な文化である。

〈涌井義郎〉

03 有機農業の営農

(1) 野菜を中心に多様な経営スタイル

最も多いのが野菜

　有機農業を志す人の多くが野菜栽培を希望する。野菜が最も身近な農産物であることが第一の理由だが、露地栽培であれば就農時の初期投資が少なくてすむことも関係していると思われる。一方で、就農当初から大きく投資して葉物野菜を施設で周年栽培する企業的な有機野菜経営も見られるようになってきた。

　有機野菜の経営スタイルは、大きく2つに分けられる。

　①主に露地で多品目を生産し、消費者に直販したり、小売店、レストラン、食品加工業などに農業者自ら卸すなど、多チャンネルで供給する「多品目小規模家族経営」。

　②主に施設で少品目を栽培し、量販店や生協と契約して周年供給する「少品目専業法人経営」。

　①と②の中間型として、家族経営農家が集団で販売組織を起ち上げ、農家個々は比較的少品目を栽培しつつ組織として多品目を量販する「準農協型」もある。近年になって経営スタイルは多様化してきた。

さまざまな営農事例

　水田稲作、麦や大豆などの畑作にとどまらず、最近は有機果樹の取り組みも増えてきた。さらに、有機畜産(動物福祉——人間が動物に対して与える痛みやストレスなどの苦痛を最小限に抑え、動物の心理学的幸福を実現する考え——を含む)や有機的花卉生産の取り組みも、はじまっている。

　有機畜産とは、有機栽培された飼料を与え、医薬品の使用を制限し、受精卵移植技術やホルモン剤使用を禁止し、野外運動場を設けるなど動物福祉を重視して家畜を飼育する方法である。また、観賞用園芸植物(花卉)は、購買者の手

に触れるし、室内で香りを嗅ぐ。したがって、アレルギーの原因とならないように化学合成農薬を排除した生産物の需要が潜在的にある。

いずれも、牛乳や卵、切り花などの生産物を消費・利用する消費者の要望から生まれたが、生産段階における農業者の健康問題にも起因している。とくに花卉園芸では、農業者が化学合成農薬に触れる頻度が圧倒的に多いからだ。

取り扱う生産品目でいえば、水稲のように単一作物の大規模経営がある一方で、小規模で行う多品目作物経営もある。稲作と同時に水田で鯉の稚魚を養ったり合鴨で除草し、その肉を販売する例や、平飼い採卵養鶏と作物栽培を連動させる**有畜複合経営**もある。

有機農業の営農事例を表2－4にまとめた。就農地、立地条件、栽培品目、労働力、販売方法などを考慮し、自らの考えに合った営農スタイルを見つけてほしい。

表2－4　有機農業の営農事例

営農スタイル	立地条件・栽培条件	経営規模（ha）	労働力	栽培品目	販路	備考
水稲単作	平地	10程度	家族	水稲	個人、生協、農協	農業機械の初期投資が多額
施設葉物野菜	平地、中山間地施設栽培	0.5～2	家族雇用労働	葉菜類	スーパー生協	出荷・調整に雇用労働が欠かせない
少量多品目野菜	中山間地露地栽培	1以下	家族	野菜	個人、直売所、自然食品店	初期投資を最小限に抑えられる
少量多品目野菜と水稲	中山間地露地栽培	1～3	家族	野菜、水稲、花き	個人、直売所、自然食品店	消費者との結びつきが強い
少量多品目野菜と水稲、家畜	中山間地露地栽培	1～3	家族	野菜、水稲、鶏	個人、直売所、自然食品店	堆肥の自給消費者との結びつきが強い
中量中品目野菜	中山間地施設と露地栽培	2～5	家族雇用労働	野菜	生協、レストラン、卸	緑肥作物の導入
多量少品目野菜	平地、中山間地施設と露地栽培	10以上	従業員	葉菜類、果菜類	量販店、生協、農協、卸	法人経営農産物加工
果樹単作	平地、中山間地	1～5	家族雇用労働	柑橘	個人、生協	農産物加工

（注）野菜は、果菜類、葉菜類、根菜類などを表す。

〈藤田正雄〉

(2) 有畜複合農業

平飼い採卵養鶏

卵や鶏肉、山羊乳チーズなどの畜産物を販売品目に加えたり、経営内で有機物資源を循環させたりすることを目的に、作物栽培と家畜飼育を併せ行う有機農業の事例がある。こうした**有畜複合農業**で最も多い家畜飼育が、平飼い採卵養鶏である。

少量多品目の野菜栽培ないし小規模稲作とともに養鶏を

写真2－5　木造手づくり鶏舎

行い、鶏糞を自給の堆肥またはボカシ肥料にして循環させる。鶏舎は、①木造で建てる、②パイプハウスを用いる、の2種類。木造鶏舎は、自然換気と採光を考慮して、側面が金網張りの平屋建てで(写真2－5)、経営者ごとにさまざまな工夫が加えられている。鶏舎の床は基本的に土間で、モミ殻やオガクズなどを厚く敷いて「発酵床」にする。

鶏舎はいくつかの部屋に区分し、1部屋5～10坪の面積に30～80羽くらいを1群として飼育するのが一般的である。面積あたりの飼育数は坪10羽程度が目安とされている。ヒナの導入はこの群単位とし、年間2回以上導入して、四季を通じた産卵数の調整を図る。有精卵とする場合は、雌鶏15羽に1羽の雄鶏を混ぜる。

パイプハウス鶏舎では小部屋に区分せず、大部屋に100～200羽といった大きな群れで飼うことが多い。

鶏種は、平飼い、自家配合粗飼料に向くものが選ばれる。多くが、卵殻が赤い「赤玉鶏」と呼ばれる赤羽(茶色)の鶏を飼育している。名古屋コーチン、ゴトウ、ワーレン、ボリスブラウン、ネラ(黒羽)などである。

飼料は、クズ米、米ヌカ、クズ麦、クズ大豆、酒ヌカ、魚粉などのほか、カキ殻や貝化石、あら塩なども混ぜる（自家配合）。地域で入手できるおからや残飯などを活用するケースもある。前日までに配合して水を加え、1〜2晩寝かせて発酵させてから与えると、食欲増進と消化を促す。鶏の体調管理には緑餌が重要で、野菜クズや青草を年間通じて与える。

経営の要点は「自給」と「循環」

　複合農業で行う平飼い養鶏の規模は100〜500羽程度で、初生ビナの導入から2〜2年半の飼育が一般的だが、もっと長く飼う場合もある。産卵率70％（週に5個）を下回ると、群れの入れ替え目安になる。卵は野菜の宅配セットに入れたり、単価40〜50円あるいはそれ以上の価格で直売所などで販売する。飲食店と契約して定期的に届ける事例もある。

　卵肉兼用の鶏種を飼育する場合が多く、廃鶏も食肉用に販売できる。なかには、自ら精肉加工の免許を取って食肉として、あるいは加工施設を造ってハムやソーセージのような燻製加工品を販売する農業者もいる。

　有畜複合農業では、作物栽培との連携によって飼料自給率が高い。外部から購入する場合も、地域の副産物や廃棄物を大いに活用して飼料コストを低く抑えられる。豊富に与える緑餌と発酵飼料、のびのびと運動できる環境で健康に育て、産卵期間を長く延ばすことは、有機農業の1部門として行う養鶏ならではの特長である。

　鶏舎を廃木材や中古パイプハウスで自作する、たっぷり敷いた敷料とともに発酵した鶏糞が田畑に持ち込まれて土づくりに活用されるなど、**有畜複合農業の「自給」と「循環」**のあり方は、経営コストの低減と相まって有機農業経営の要点を体現している。

　養鶏のほかに、養豚、山羊（ザーネン種）を飼育して山羊乳を個性的なチーズに加工して販売する、野菜やソバなどの畑作物や果樹の栽培とミツバチ飼育（養蜂）を連携させる事例も見られる。

〈涌井義郎〉

(3) パーマカルチャー的有機農業（暮らしの半自給）

パーマカルチャー

　環境保全と資源循環の永続性を追求するあり方をパーマカルチャーと呼ぶ。個別の農耕生活や地域での組織的な取り組みなど、世界各地でさまざまな試みが見られる。

　パーマカルチャーは、パーマネント（永続的な）とアグリカルチャー（農業）、またはカルチャー（文化）をつなげた短縮語であり、人の生活にとって恒久的で持続的な環境を創り出そうとするシステムデザインである。具体的には、一定の地域内で必要な資源が永続的に生産・循環され、外部から一方的に持ち込まれることがなく、環境汚染物質を含むような廃棄物がエリア外へ排出されることもない。パーマカルチャーはそうした循環系が長期に持続しうるシステムをいい、そのエリアを創り出す試みであり、そこで暮らす人びとのライフスタイルのことでもある。

　このような循環システムは、当然ながら太陽エネルギーを用いて有機物を生み出す農業がベースとなる。樹林と農耕を融合させたアグロフォレストリーや**有畜複合農業**、糞尿や生ごみの発酵堆肥化あるいは飼料化による循環、汚水浄化のための湿地（バイオ・ジオフィルター）や養魚池、エリア内で**生物多様性**を維持する有機農業、機械使用を抑制し低投入を実現する不耕起栽培、排水の汚染を起こさないためのバイオトイレ、太陽光や水車、風車、バイオガスなど自然エネルギーの活用というように、システム構築のための組み合わせ方はきわめて多様である。

半自給をめざす農業経営

　完璧な自給農業の実現はとても難しいが、半自給的な農業経営、暮らし方に取り組む農業者は多い。基軸である地力培養を地域内の有機物資源を使って行おうとする有機農業は、そのことだけですでに半自給が始まっている。堆肥や有機肥料、あるいは家畜の餌を、地域内で発生するいろいろな植物資源、農業副産物、食品廃棄物などでまかない、生産物である食料をできるだけ地域内で

利用してもらう。そういう農業経営を意識的に行えるか否かがパーマカルチャーの第一歩である。

　有機農業経営の中にも、経済合理性を優先させて有機肥料をすべて肥料業者から購入し、生産物を主として地域外に販売する事例がある。だから、すべての有機農業が自給的であるとはいえない。

　以下に、意図して半自給に取り組んでいる事例を紹介しよう。

　①有機農産物を納品している地域の直売所にお願いして、お客さんから使用済み天ぷら油の提供を受け、これを業者に委託してバイオデイーゼル燃料（BDF）に精製し、自家のトラクター燃料として利用する。

　②寒冷地域で、野菜の施設抑制栽培(よくせいさいばい)（夏の終わりごろから晩秋までを収穫時期とする）を年末まで続けるために暖房機を設置。化石燃料には依存せず、近隣で発生する廃木材を利用する木材ボイラーを自ら開発して、実用化した。

　③有機農業者の田畑が近隣に集まっている場所に、共同でバイオトイレ（モミ殻やオガクズに糞尿を落とし、ときどきかき混ぜて発酵分解させる）を自作する。

　④有機農業者が集団でバイオガス製造施設を建設し、活用。近隣の市民に協力を呼びかけ、生ごみを収集してバイオガスを製造し、発電して施設の運転に使うとともに、近隣の農業用施設に給電。ガス発生装置に溜まる汚泥（スラリー）と上澄み液は、有機農業者が交互に抜き取ってリキッド有機肥料（液肥）として活用する。

　⑤水田稲作、野菜栽培と平飼い養鶏の複合経営を行う。昼間は鶏舎に付属する緩傾斜の野外運動場で鶏を遊ばせる。この運動場の鶏糞が雨で流れ落ちる先に養魚池を設置し、汚水を池で浄化してから排水。この排水を水田につなげ、稲作にも栄養を導く。

　⑥開発途上国の農村青年を日本に招いて農業を基軸にした人材育成を行うNGOの農場。家畜飼育や農産加工なども行い、研修生の給食食材をほとんど自給している。また、宿舎の汚水を処理する合併処理浄化槽の排水をクロレラ培養槽に、次に養魚池に導き、さらに水田に導水して浄化を完璧にしてから、外部に排水。クロレラは養豚飼料にする。

〈涌井義郎〉

(4) 認証制度とどう向き合うか──有機JAS認証と地域認証

有機JAS認証制度が生まれた背景と有機JASマーク

　有機農産物と有機農産物を原材料として作った加工食品に対しては、JAS法(農林物資の規格化及び品質表示の適正化に関する法律)に基づいて、基準・認証制度が導入されている。

　欧米各国では早い時期から有機食品の認証制度が実施されていたが、日本では1992年に農林水産省の「特別表示ガイドライン」として定められたのが最初だ。しかし、法律ではなく指針にすぎず、定義も示されていなかったため、不適切な表示が見られたり、生産基準の不統一があったりして、消費者にとって分かりにくかった。そこで、有機農産物などの品質を保証する基準を定めるために誕生したのが、有機JAS認証制度である。

　農林水産省は、日本農林規格(JAS規格)による検査に合格した製品にJASマークを付けることができるJAS規格制度を定めている。そのうち、有機JAS規格は生産方法に関する規格で、有機農産物、有機加工食品、有機飼料、有機畜産物の4品目に及ぶ。有機JAS規格の基準を満たして生産したものだけが有機JASマークを貼付し、「有機」「オーガニック」と表示できる。

有機JASマーク

有機JAS認証制度はシステムの認証

　有機JAS認証制度は、生産者が基準に則って生産したものであることを第三者の登録認証機関が証明する制度である。1999年のJAS法改正に基づいて有機食品の検査認証制度(有機JAS制度)として創設され、統一基準が定められた。そこでの有機農産物の生産方法は以下のとおりだ。

①環境への負荷をできるだけ低減して生産する。
②堆肥などによる土づくりを行う。
③播種・植え付け前の2年(多年生作物の場合は収穫前3年)以上および栽培中に、禁止された化学肥料と農薬を使用しない。
④遺伝子組み換え種苗を使用しない。

農家が生産した農産物や加工食品に「有機」「オーガニック」と表示して販売するためには、有機JAS認証事業者にならなければならない。その場合、登録認証機関に申請して書類審査・実地調査を受け、法的に適合していることを認められる必要がある。継続的に認証事業者となるためには、毎年1回、調査を受けなければならない。

有機JAS認証制度で認証の対象になるのは、農産物や加工品そのものではない。「その農産物などが生産されるために経てきたすべての行程」が対象であり、農産物などを生産するシステムである。具体的には、栽培圃場、種苗・育苗、肥培管理、病害虫管理、栽培計画・栽培記録、証票（JASマーク）管理記録などを調査。あわせて、認証を受ける農家で栽培した農産物などが有機JAS規格で認められていない化学合成農薬や化学合成肥料による汚染、有機農産物以外が混入するリスクがないことを確認して、問題がなければ認証される。

有機JAS認証を取得する意味

有機JAS認証を取得するメリットとして挙げられるのは、法律や国際規格に基づいた信頼性が担保されることだろう。有機JAS認証制度は国際的な認証でもあり、EU諸国やアメリカなどJAS制度と同等とされる制度が定められている国には、有機農産物・加工品として輸出が可能になる。

デメリットは、認証を受けるために手間と費用がかかることだ。たとえば、必要書類の作成にかなりの時間を要する。多品目少量生産の場合はとくに大変だ。現地検査へも立ち会わなければならない。また、申請費用・書類審査費用・現地検査費用・報告書作成費用などに加え、検査員の交通費・日当・宿泊費なども負担しなければならない（金額は認証団体によって異なる）。

大きな有機宅配組織や都市部のデパートなどに出荷する際は、信頼性を担保するという点で有機JAS認証を求められることが多い。これらの販売相手に出荷する場合は、一定の量を求められる傾向にある。したがって、新規就農時に認証を取得するのではなく、生産が安定して必要性を確認してから取得するかどうか判断することをお勧めする。

なお、有機JAS認証制度の信頼を傷つける違反に対しては、認証機関からは認証取り消し、農水省からは改善命令とホームページでの公表という処置が

なされるほか、程度によっては懲役や罰金刑が科せられる場合もある。

さまざまな地域認証

　地域認証には、都道府県レベル・市町村レベルとNPOレベルが存在する。

　前者は、その地域ならではの自然や生産・加工技術を活かして生まれた優れた農産物や食品を、第三者機関が独自の基準によって認証する制度だ。ほぼ全都道府県に、さまざまな基準による認証制度が存在する。市町村レベルでは、たとえば福井県池田町には「ゆうき・げんき正直農業」の3段階の基準があり、発足当初に比べて化学合成農薬も化学合成肥料も全く使わない畑が大きく増えた。地域認証が有機農業の普及に役立っているのだ。

　後者の例には、たとえば福島県二本松市東和地区の「ゆうきの里東和ふるさとづくり協議会」による「東和げんき野菜認証」がある。東和地区では地元の畜産農家と連携し、14種類の原料をベースにしたオリジナル堆肥「げんき1号」を使って栽培した農産物について、次の5項目の基準を設けている。

　①土壌分析の実施、②使用農薬の削減、③栽培履歴の記録・提示、④EU基準を参考とした葉物硝酸イオンの残量の確認に取り組む、⑤農産物の放射性物質の測定と情報公開。

　そして、すべての項目をクリアした農産物を「東和げんき野菜」として独自に認証し、げんき野菜シールを貼付して販売している。ほぼ地元産品だけに徹した道の駅「ふくしま東和あぶくま館」には、このシールを貼った多様な種類の野菜が並ぶ。生産者には高齢の女性が多く、そのやりがい創出と耕作放棄地の一定程度の解消につながっている。

　地域認証は生産者にとって、国の認証と比べて時間と経費がかからないというメリットがある。また、販売面の効果としては、栽培方法や品質についての保証による安心感、他の商品との違いを伝えることによる付加価値の増大やブランド化などがある。

〈吉野隆子〉

第3章

有機農業はこうして学ぼう

充実した研修には楽しさも必要

01 有機農業をどこで学ぶか

(1) 選び方の基準

農業への転職は生き方に関わる

 これまで農業や農村での暮らしに関わりのなかった人や家族が「田舎で農業をやろうか」と、仕事や暮らし方の転換を考えはじめたとき、きっとあれこれ悩み、家族や関係者との相談は切実となるにちがいない。農家生まれでない人はもちろん、農家生まれであっても、サラリーマンを辞めて農業経営に取り組むには、相当の決意と覚悟が求められる。新規就農者に必要な要件は非常に多く、厳しいからである。

 農業者をたとえて、次のように説明されることがある。

 「農業者とは農業技術者であり、農作業労働者であり、農業経営者である」

 すなわち、百姓と呼ばれるほど多種多様な技術を身につけ、それを縦横に駆使しながら、同時に日々のきつい肉体労働をこなし、かつ自立事業者としての経営能力が必要である。究極の総合職である農業経営は、容易な職業ではない。

 新規に農業の世界に飛び込み、独立して農業を営もうとする行為は、投資をともなう起業である。技術を修得し、生産基盤となる農地を取得し、必要な施設と農機具を用意し、生産物の販売先を開拓しなければならない。借りた農地の周辺に住居を移すか、ずっと住み続けたい土地に移住して農地を見つけることになる。起業に必要な一定額の資金も欠かせない。

 このように、農業という仕事に転ずることは人生を大きく転換することになる。とくに、都市部から農山村に移住する場合には、その後の生き方と価値観の転換をともなう場合が多い。大きな決断を必要とする理由である。

 しかし、不安を乗り越えて就農を決断すれば、諸々の困難は乗り越えられないものではない。農村地域は意欲のある新規参入希望者を待望しており、多く

の人や自治体が支援してくれる。「農業をやりたい」と表明したときから希望が生まれる。

新たに農業に参入するには2つの道がある

新規参入には、2通りの方法が考えられる。ひとつは「農業生産法人のスタッフになる」道(雇用就農)であり、もうひとつが最初から「独立自営農業者になる」道(独立就農)である。

前者は、就職直後から給料をもらえるサラリーマン農業者だ。法人経営者に指示された業務を担う技術者ないし作業労働者として、農業に従事する。法人従業員として永年勤続する人生がある一方で、日々勤務しながら技術や経営感覚を修得し、やがて退職して農業者として独立する生き方もある。

後者は、初めから農業者へと進む道である。生産技術や経営能力を既存農業者や研修機関で身につけ、独立の機を満たして起業する。研修を受けている期間は一般に収入が途絶えるので、起業のための資金とともに、研修中の生活費の準備が求められる。

独立就農に際しては、勤務中・研修中の経験をもとにして営農を開始することになる。営農のための知識や技術の習得は、前者・後者ともに法人や研修先が取り組む生産品目と、それにともなう知識と技術に限定される傾向がある。自分がどのような農業をしたいのか、法人就職や研修先を決める前に、自らがめざす営農スタイルや生き方について、よく考えておくことが大切である。

研修先の選び方1 ── 個人農家と学校・研修受け入れ団体

あの人から学びたい。あの人の農業のやり方をまねたい。

農業哲学や人生観、独特の農業技術を持って輝いている農業者がいる。そんな「あの人」は、熟達の老年とは限らない。若くて優れたリーダーシップを持つ人も存在する。だが、そういう人との出会いの機会、研修を受ける機会は、限られている。「誰から指導を受けたいか」がひとつ目のポイントで、そうした農業者に出会えれば幸運である。

一方、有機農業を教える学校、有機農業研修を事業にしている研修施設、生産者集団が行う研修カリキュラム、特定農法の普及団体もある。研修生受け入

機械作業の習熟は重要な課題。安全な使用と効率的な作業を身につける訓練。

れ数も比較的多く、募集活動など情報発信も積極的だから、研修希望者の目にとまりやすい。基礎から体系的に学びたい人には、「どこで学びたいか」が２つ目のポイントである。

研修先の選び方２——産地受け入れ型と要望対応型

研修先を選ぶにあたって最も大事なことは、自分がめざしたい営農スタイルや暮らし方を学べるか、自分の希望を理解して相談に乗ってくれるかどうかである。有機農業の世界は裾野が広く、研修先によって技術についての考え方（農法）や生産物の販売方法がずいぶんと異なる。そのため、そこでの学び方によってその後の農業生活の方向性が決まることがある。研修先を間違えて営農に行き詰まり、学び直しを迫られた事例もあるから、注意したい。

研修を受け入れてくれる場所にも、２つのタイプがある。産地受け入れ型と要望対応型（茨城県の職員・松橋宏昌氏の論考、命名）だ。

①産地受け入れ型

地域に有機農業者の集団があって、共同販売などの組織化がなされており、後継者の育成や新規の仲間づくりを課題に掲げて、組織として受け入れているところをいう。研修後はそのまま組織に加えられ、販路が確保され、営農が早くから安定しやすい。生産法人に雇用された従業員が退職して独立就農する場合も、生産品目を同じにして既存の販路を活用させてもらう事例が多く、産地受け入れ型に準ずる。研修を受けた地域、またはその近隣に住まいと農地を確保して、就農後も研修先との協力関係が継続する。

早くから安定した農業経営を行いたい人は、こうした既存産地、生産者グル

ープまたは法人で学ぶことを勧めたい。
　②要望対応型
　次の二つのタイプの人は、要望対応型の研修先を探すとよい。
　(a)農村で暮らし、有機農業者になりたいと考えている。だが、ほとんど知識がなく、目標が漠然としており、農業の基礎から学びたい。あるいは、基礎学習と研修体験を経て、自分の農業スタイルを探していきたい。
　(b)経済的な目的よりも自給自足的な暮らし方を重視していたり、自然農法や無施肥・不耕起栽培を学びたい、果樹栽培や家畜飼育もやりたいなど、目標にこだわりが強い。
　(a)のタイプは、まずは「学校」で農業基礎と有機農業の世界を広く学ぶとよい。研修生受け入れを事業の課題にしている「研修施設(農協、NPO、生産者協議会などが運営)」でもよいが、地元組織への参加が条件であったり、特定の農法を主として教える場合もあるから、そうした条件も考慮して選ばなければならない。研修者の要望を聞いて個別に柔軟に対応する学校や研修施設は多くないが、基礎学習ができる点がメリットである。
　(b)に当てはまる人は、自分がめざす農法や暮らし方などの考え方をすでに実践している先達農業者、あるいは同好の集団が行っている研修への参加を勧める。考え方の合う指導者、特定の農法や経営スタイルの成功者から学ぶことが、失敗しないための基本である。「自分の農業人生はかくありたい」という思いの強い人は、その思いをきちんと受けとめてくれる指導者との出会いが肝心である。
　いずれにしても、研修に入る前からあまり強くこだわりを持たないほうが失敗は少ない。少々きつい言い方になるが、無知のこだわりを持つ人は研修受け入れ側にとって対応しにくい存在であり、受け入れを拒む理由にされることもある。

〈涌井義郎〉

(2) 有機農業を学べる研修先

　有機農業を学べる研修先は全国的に少しずつ増えてきているが、潜在的な就農希望者との対比ではまだまだ少なく、十分とはいえない。かつては個人経営農家が研修者を受け入れる事例が多かった。近年は減ってきているが、そうした個人経営農家で研修を受ける方法もある。ウェブサイト「有機農業をはじめよう！」の研修先情報で、地域や栽培作物などが検索できる（奥付のＱＲコード参照）。有機農業相談窓口では、ウェブサイトに掲載していない研修先を掌握している場合がある。以下では、組織的に有機農業を指導している研修先を紹介する。

①北海道有機農業協同組合（北海道）

　有機農業の推進と発展、技術のレベルアップ、農業者自身が販売・物流システムを持ち、主体的に流通・販売、販路拡大を行い、生産意欲のある農家や新規就農者の販路の受け皿となることを目的に、研修制度を設立。新規就農希望者に対して、希望する研修内容に沿った組合員を選定し、紹介する。
〒007-0836　札幌市東区東雁来5条1丁目2-10　電話 011-522-6226
http://www.yu-kinokyo.net/nokyo/

②大江町就農研修生受入協議会（OSINの会）（山形県）

　農業後継者の育成と町の活性化をめざして、農家が町やJAなどと連携し、有機農業希望者を含む研修生の支援を行っている。協議会では研修と農地の確保や就農後の営農支援を、町では独身者の宿泊施設の無料提供、家族での転入者の家賃や光熱水費の補助、新規就農者への農機具の購入補助などを行う。
〒990-1101　西村山郡大江町大字左沢882-1
電話 0237-62-2115（大江町役場農林課農政係）　http://www.osinnokai.org/

③ JAやさと、NPO法人アグリやさと（茨城県）

　それぞれ研修農場「ゆめファームやさと」と「朝日里山ファーム」を運営し、

有機農業での独立をめざす研修生を受け入れる。研修期間は2年間。各農場で毎年1家族ずつを受け入れる。栽培に必要な技術は、先輩研修生とJA有機栽培部会生産者の指導を得て身につける。JA管内での就農が条件で、就農直後からJAの部会を通じて生産物を販売できる。
〒315-0116　石岡市柿岡3236-6　電話0299-44-1661　FAX 0299-44-1923
http://www.ja-yasato.com/（JAやさと）　電話0299-51-3117　FAX 0299-51-1038（アグリやさと）

④ NPO法人あしたを拓く有機農業塾（茨城県）
　研修農場「あした有機農園」に、有機農業で独立就農をめざす研修生を受け入れる。研修期間は1～2年で、茨城県内に就農することが条件。近隣の連携有機農業者と卒塾就農者で、共同販売グループを組織している。体験・入門コースとして一般市民向けに有機栽培実践講座もある。
〒309-1711　笠間市随分附1164-65
電話090-2426-4762　FAX 0296-78-1787　http://ashitafarm.jp/

⑤ NPO法人民間稲作研究所（栃木県）
　有機農業者の子弟や新規就農者を対象に、実習を中心とした1～2年間の長期宿泊研修を行う。このほか、「いのち育む有機稲作」ポイント研修、半日視察・研修、作目別（野菜、麦、大豆など）研修などがある。
〒329-0526　河内郡上三川町鞘堂72　電話・FAX 0285-53-1133
http://inasaku.org/

⑥帰農志塾（栃木県）
　有機農業を始めた当初から研修生を受け入れ、40年間で100名を超える就農者を育ててきた。稲、小麦、大豆、野菜全般で7haを耕作し、採卵養鶏も学べる。研修期間は事前に定めず、「農業で自立できる力」が身についたかどうかで卒塾となる。通常は2～3年間。
〒321-0604　那須烏山市中山1041　電話・FAX 0287-83-0930
http://www.kinousijyuku.com/

⑦埼玉県農業大学校（埼玉県）

　短期農業学科有機農業専攻(1年制)がある。露地野菜を中心に、有機農法による野菜栽培を基礎から学べる。75aの実習畑で、年間数十品目の野菜を栽培。卒業後の埼玉県内での就農については、県の農業行政全体で支援がある。
〒360-0112　熊谷市樋春2010　電話048-501-6845　FAX 048-536-6848
https://www.pref.saitama.lg.jp/soshiki/b0921/

⑧小川町有機農業推進協議会（埼玉県）

　小川町有機農業生産グループ、小川町、東松山農林振興センター、JA埼玉中央などが構成団体。講演会や実験圃場の展開など、有機農業の普及に努めている。小川町には個別に研修生を受け入れている有機農家も多く、それぞれ新規就農者への指導・支援を行っている。町内の有機農家で実習を行う「日本農業実践学園」が開講する有機農業コースもある。
〒355-0392　比企郡小川町大字大塚55　小川町環境農林課内
電話0493-72-1221　E-mail：ogawa110@town.saitama-ogawa.lg.jp

⑨山武市有機農業推進協議会（千葉県）

　地域が長年培ってきた優れた有機農業技術の継続と拡大のために、有機農業経営を行う若い人材を育てる組織。農業体験、短期・長期研修を行い、就農に向けてきめ細かいサポートを行う。有機農産物の共同販売事業を行う農事組合法人さんぶ野菜ネットワークがあり、就農直後からその販売網に参加できる。
〒289-1223　山武市埴谷1881-1（さんぶ野菜ネットワーク内）
電話0475-89-0590　FAX 0475-89-3055　http://www.sanbu.chiba.jp/

⑩（公財）自然農法国際研究開発センター農業試験場（長野県）

　作物栽培(自家採種を含む)と圃場管理の実習や講義を通して、自然観察と自然農法の技能・技術、専門的な知識を修得し、自然の力を活かす応用力を身に付ける。そのほか、実施農家見学などの所外研修も実施。全寮制で、研修期間は3～11月(農業次世代人材投資事業(準備型)に応募の場合は3月～の1年間)。1～3カ月の短期研修もある。

〒390-1401　松本市波田5632-1
電話0263-92-6800　FAX0263-92-6808　http://www.infrc.or.jp/

⑪のと里山農業塾(石川県)

　羽咋市とJAはくいが連携して、市内の自然栽培農産物をブランド化する取り組みを行っている。羽咋市に移住して自然栽培に取り組もうとする新規就農者を育成する「のと里山農業塾」がある。すでに自然栽培に取り組んでいる農業者たちが「はくい式自然栽培合同会社」を起業し、生産物の販売活動、就農者支援、関係者間の橋渡しを担う。
〒925-8588　羽咋市太田町と105　JAはくいのと里山農業振興室
電話 0767-26-3338　E-mail：hanbai@hakui.is-ja.jp

⑫NPO法人ゆうきハートネット(岐阜県)

　白川町内で有機農業に取り組む各グループが連携し、「有機の里」づくりをめざす活動を行う。その一環として、研修施設を利用して研修生を受け入れ、新規就農者を支援している。
〒509-1431　加茂郡白川町黒川153-3　電話・FAX 0574-77-1638
http://yuki-heartnet.org/

⑬(公財)農業・環境・健康研究所農業大学校(静岡県)

　有機農業を学べる全寮制の大学校。1年制の基礎技術科と営農技術科がある。営農技術科は稲作と野菜の専攻に分かれ、農業経営や生産技術を体得するカリキュラムがある。4カ月で集約的に学ぶ短期研修制度もある。
〒410-2311　伊豆の国市浮橋1606-2（大仁研究農場内）　電話 0558-79-0610　FAX 0558-79-0398　http://izu.biz/bioken/daigaku/daigaku.html

⑭オーガニックファーマーズ名古屋(愛知県)

　名古屋市の中心部にある都市公園オアシス21で毎週土曜日に有機農業の新規就農者による朝市（オーガニックファーマーズ朝市村）を開催するなど、3つのオーガニックマーケットを運営。愛知県認定の研修機関としてだけでなく、本

人の希望を踏まえた東海地方の研修先の紹介、就農形態の提案、就農後の販路と、幅広く有機農業者の支援を行っている。毎月オーガニック講座も開催。
〒461-0001　名古屋市東区泉 1-13-34 名建協ビル 2F　電話 052-265-8371
E-mail：ofa@fuga.ocn.ne.jp　http://asaichimura.com/

⑮(公社)全国愛農会(三重県)

土と命を守る担い手の育成や有機農業の普及・教育、有機食品の検査認証などを行っている。年間を通して研修・就農支援事業を行う。
〒518-0221　伊賀市別府 690-1　電話 0595-52-0108　FAX 0595-52-0109
http://ainou.or.jp

⑯オーガニックアグリスクール NARA(奈良県)

農業の職業訓練校および各種研修制度を活用して、有機農業での新規就農、農業関連団体への就職支援を目的に開校。各種行政機関と連携し、農地の斡旋・紹介など就農に向けた支援を行う。就農後もさまざまな相談に応じる。
〒633-0225　宇陀市榛原大貝 332　(有)山口農園
電話 0745-82-2589　FAX 0745-82-2669　http://www.yamaguchi-nouen.com

⑰島根県立農林大学校(島根県)

養成部門の「有機農業専攻(2 年制)」は、野菜、水稲などの品目について、露地圃場、ハウス、水田を利用して、育苗から収穫、出荷まで一貫した有機栽培の基本技術を指導する。研修部門の「有機農業実践研修」もあり、5 月から週 1 回、全 22 回(2018 年)。両部門とも基本的に島根県内での就農予定者が対象。
〒699-2211　大田市波根町 970-1　電話 0854-85-7011　FAX 0854-85-7113
http://www.pref.shimane.lg.jp/norindaigakko/

⑱NPO 法人とくしま有機農業サポートセンター(徳島県)

農業技術者育成のため 6 カ月間の「オーガニックワーカー養成科」(厚生労働省の求職者支援訓練)を実施。美味しさや品質を追求する土づくり・微生物・植物生理とその理論の学びと実習を通した実践を行う。小松島市の取り組みで、

農業体験の受け入れも行っている。
〒773-0018　小松島市櫛渕町字間町 11-4　電話・FAX 0885-37-2038
E-mail:info@komatushimayuuki.com　http://www.komatushimayuuki.com/

⑲特定非営利活動法人熊本県有機農業研究会（熊本県）

　有機農業の新規就農者を養成・確保する目的で熊本県有機農業者養成塾を運営。本気で就農をめざす人を有機農業のプロが応援。研修期間は基本的に1年間。
〒861-8030　熊本市東区小山町 1879-3　電話 096-223-6771　FAX 096-223-6772　E-mail：yousei@kumayuken.org　http://www.kumayuken.org/

⑳かごしま有機生産組合、鹿児島有機農業技術支援センター（鹿児島県）

　かごしま有機生産組合は、有機農業と自然生態系に調和した生き方、暮らし方を地域に広げていこうと願う人びとの集まり。鹿児島有機農業技術支援センターは、じっくりと腰を据えた個人指導型の研修を行い、宿泊施設もある。研修後の農地紹介、販売出荷先の斡旋も行い、農家としての独立をサポートする。
〒899-5412　姶良市三拾町 1397-14　電話・FAX 0995-73-3511（鹿児島有機農業技術支援センター）
〒891-0101　鹿児島市五ヶ別府町 3646　電話 099-282-6867　FAX 099-282-9060　http://kofa.jp/（かごしま有機生産組合）

★有機農業研修のポイント
①有機農業だけを学ぼうとしないで、広く農業・農村を知ろう！
②有機農法、自然農法、自然栽培など、さまざまな呼び名があるが、惑わされないようにしっかり見極めよう！　いずれも有機農業の1類型である。
③有機農業の技術と経営は地域によって異なり、一様ではない。土質や周辺環境、地理的条件によって、栽培技術や販売方法がそれぞれ異なる。就農したい地域に近いところで学ぼう！
④有機農業は「作物栽培」だけではない。家畜飼育や農産加工、環境保全や資源の使い方の課題、これからの食生活のあり方など、広く情報を得たい人にその機会を提供しているかどうかも見極めよう！

個人農家の研修受け入れが減っている

憧れの有機農業者がいて、その人の指導を受けたい、研修先にしたいと希望する人は多い。しかし近年、研修生を受け入れる個人農家が激減している。その背景は次のようなことであろう。

第一に、経験豊かな有機農業者が高齢化し、研修生受け入れを負担に感じて受け入れなくなった。

第二に、優れた若手有機農業者は増えているが、個人として研修生の受け入れを考える人はかつてより少ない。集団で体験会・研修会を行う事例はある。

第三に、農業次世代人材投資資金（旧青年就農給付金）（準備型）などの制度が足かせになり、個人経営の有機農業者の多くが給付金受給を希望する研修生を受け入れられなくなった。

憧れの有機農業者から学ぶ方法

希望する有機農業者のもとで、１年以上の長期研修が受けられない場合は、次のような方法がある。

まずは別の場所で、できるだけ広く基礎的な有機農業研修を受ける。そして研修後に「憧れの農業者」の近くに就農地を定め、就農する。肝心なのは、基礎研修前または研修中に「憧れの農業者」とコンタクトをとり、「就農後の指導」を了解していただくことである。

農業次世代人材投資資金の経営開始型を受給できる場合は、その後の営農を支援する「サポートチーム」が組まれることになっている。指導を受ける有機農業者にチーム要員になってもらえるよう、市町村の了解を取り付けるとよい。

NPO法人日本有機農業研究会では、全国各地のベテラン有機農業者を「有機農業アドバイザー」として認定し、有機農業志向者や地方自治体などに活用を呼びかけている。同様に、人材活用を紹介する全国団体もある。

多くの優れた有機農業者が、全国各地でさまざまに活動している。長期の農業研修が就農の成功のためには最もよい方法であるが、それだけに限定する必要はない。学びたい人それぞれの事情に合わせて、さまざまな学び方がある。教わるに値する優れた有機農業者に、多面的にアプローチしてほしい。

〈涌井義郎〉

02 就農する前に考えること

就農後の人生設計を考える

　農業で生きていこうと思ったとき、まず気がかりなのは生活していけるかどうかではないだろうか。農地や家を借りられるのか、作物が育つのか、販売先が見つかるのかなど、さまざまな不安を感じて当然だが、生計をきちんと立てている新規就農者も多い。準備を万全に整えて踏み出そう。ただし、会社勤めのように定期収入はないし、天候などの条件で思うように栽培できない年もあることを認識しておかなければならない。

　農業をはじめる際に、現在の生活を投げ出していきなり飛び込むのは無謀でしかない。研修先を探し、研修しながら準備を重ねて就農するというステップを踏むことをお勧めする。

　新規就農者がつまずきやすい点には次の3つが挙げられる。栽培技術、土づくり、そして販路だ。

　栽培技術を身につけずに就農するのは、基本的に無理である。研修で技術を学び、農作業の1年の流れをつかんだうえでの就農が必須となる。運よく土づくりができた土地を借りられた場合以外は、土づくりに少なくとも2～3年はかかる。新規就農者が条件の良い農地を借りられる場合は非常に少ないことを踏まえて、栽培計画を考えたい。

　栽培技術を身につけ、土づくりができて良い農産物が生産できたとしても、販売先がなければ収入につながらない。有機農産物の販路は一般の農産物のように確立していないので、多くの場合は自ら探すことが必要になる。研修時から販路を意識しておこう。

　加えて、就農をめざす際に欠かせないのは、家族の理解だ。パートナーや子どもの理解を得ないまま自分の思いだけで突っ走ると、ブレーキがかかる結果となる。家族のサポートがあってこそ就農の成功につながるということを心してほしい。

どんな農業経営をするのか

　経験がなかったり少ない状態で経営まで考えるのは難しい。研修を受けながら、徐々にイメージをかためていこう。

　まず、研修先農家や農業法人の経営を学ぶ。収量・経費・売値とその決め方・粗収入などの数字をありのままに見せていただくことで、農業経営の実情を知ることができる。あわせて、同じ農家で研修して就農した先輩農家などを見学し、経営について話を聞く機会を多く持ちたい。とくに、新規就農して間もない人の話は、自分がこれから通る道だから間違いなく参考になる。真剣な思いでぶつかれば、情報を開示してくれる新規就農者は多い。

　就農の主な形態には、独立就農と雇用就農がある（71ページ参照）。雇用就農では、農業法人内の農作業をしない部門に配属される場合もあるので、事前の確認が大切だ。有機農業の法人はまだ少ないので、雇用就農は簡単ではない。慣行農業の法人に就職しながら自ら学ぶ方法もある。実際そうした形で就農した先輩農家もいる。

　このほか近年増えている形態に、半農半Xがある。稼ぎのおおむね半分は農業から、残りは自分の持つスキルを活かした仕事から得る形だ。「半」という言葉を使っているけれど、半分ずつと捉える必要はない。農業を主体にしながら、他の仕事を加えることで、収入を補うと捉えればよい。「X」に農業系の仕事を当てはめることもできる。寒さが厳しく、冬に農業をするのが難しい地域では、自伐林業、森林組合で働く、猟師になる、農産加工に取り組むといった方法もある。

就農地の選び方

　私が新規就農希望者の相談を受けるとき、まず問いかけるのは就農希望地（地域）と栽培したい農産物だ。この2つのいずれかが定まった状態で相談に来る人が多い。都市近郊・農業が盛んな地域・中山間地域のいずれに就農するかによって、農業の形態や作目が違ってくる。

　すでに就農希望地（地域）が決まっている場合は、何を栽培したいかを詰めていく。確認すべきは、希望地が気候や土質などの面で栽培したい作物の適地であるかどうか。田んぼだった場所を借りて畑作をするときは、土中の状態を調

べておくことも大切だ。土の中が石ころだらけだったり、硬盤(硬い土の層。自然界に存在しているものや、トラクターなどの重機によって踏み固められてできたものなどがある)がしっかり残っていたりすると、野菜の種類によっては栽培に向かないこともある。

就農希望地(地域)が決まっていない場合は、現在の居住地から近い地域、実家がある地域、まったくつながりはないが自分にとって魅力のある地域など、多くの選択肢の中から決めていく。栽培したい農産物が決まっているなら、栽培適地を探すという選び方もある。もちろん、研修を受けた農家の近くで就農し、研修仲間と出荷グループをつくるという選択肢もある。近くに相談できる農家や仲間がいるのは心強い。

いずれにしても、就農した地域で長く暮らし続けるわけだから、地域の人たちと良い関係性が持てるかどうかも重要なポイントになる。自分が譲れないと思う点を大切にしながら、周囲に相談して、慎重に探していこう。

就農のための資金

設備を整えたハウスに多額の投資をして農業をはじめたという話も耳にする。しかし、手元に前職の退職金があったとしても、その多くを投入したり、借金してはじめるのは、大きなリスクがともなう。できるだけ小規模ではじめて、規模を大きくするにしたがって設備を整えていくことをお勧めする。

小さくはじめる場合、就農後すぐに必要になる農業機械は、刈り払い機・トラクター・軽トラック。加えて、野菜栽培なら管理機、稲作なら田植機とコンバインだ。こうした最低限の機械に加えて、マルチやコンテナ、支柱、防虫ネットなどの資材も用意しなければならない。また、経営が軌道に乗るまでの生活資金も必要だから、一定額の自己資金が欠かせない。

就農後すぐに良質の農産物を栽培でき、すべて売れたというケースは非常に少ない。借りた農地の状態によっては2～3年収穫が安定しない場合もある。育苗や機械の収納や出荷・調整作業の場所として、ハウスや小屋も必要となる。

では、どれくらいの自己資金を確保すればよいのか？ 全国新規就農相談センターが行った新規就農者へのアンケート結果(2011年)では、就農時に生活のために使った自己資金は平均265万円だった。有機農業参入促進協議会では、

表3-1 就農資金の

		単価、数量など	金額1
1	基本装備①(農業機械・施設)		
	軽トラック	1台	500,000
	トラクター	1台	1,200,000
	管理機(除草、土寄せなど)	1台	200,000
	草刈り機(刈り払い機)	1台	50,000
	ハンマーナイフモア(自走草刈り機)	1台	400,000
	マルチャー(マルチ張り機)	1台	300,000
	播種機	1台	40,000
	冷蔵庫	1台	200,000
	育苗用ハウス	5.4 × 30 m	500,000
	作業用ハウス	5.4 × 10 m	150,000
	小計		3,590,000
2	基本装備②(農作業に必要な用具)		
	育苗箱	@100 × 50 個	5,000
	セルトレイ、連結ポット	@100 × 50 個	5,000
	ポリポット	@5 × 500 個	2,500
	その他育苗用備品		20,000
	コンテナ	@500 × 50 個	25,000
	鍬、スコップ、工具類など		20,000
	ハサミ、収穫かご、秤など		40,000
	野菜用支柱、アーチパイプなど		100,000
	防虫ネット	@20,000 × 10 本	200,000
	不織布	@8,000 × 5 本	40,000
	遮光ネット	@10,000 × 2 本	20,000
	その他備品類(作業台など)		50,000
	小計		511,500
3	消耗品など(初年度)		
	種子、種芋など		200,000
	育苗培養土	@1,500 × 50 袋	75,000
	堆肥、有機肥料	@1,500 × 100 袋	150,000
	ヒモ、袋、ホースなど		20,000
	ガソリン、軽油	20,000／月	240,000
	出荷袋		50,000
	ダンボール		30,000
	マルチ	3,000 × 10 本	30,000
	小計		795,000
4	その他		
	地代、交際費		50,000
	機械メンテナンス		50,000
	書籍、勉強会など		30,000
	小計		130,000
	合計		5,026,500

(出典) つなぐ農園(愛知県美浜町、井上哲平さん)の作成例に基づいて、涌井義郎が作成。地域に
(注1) 就農当初に必要な機材、消耗品など。
(注2) 金額1は、資金に余裕がある場合。金額2は、研修先の指導と協力を得て、機械はできる
抑えた場合。育苗培土、有機肥料なども同様に、就農前後に自作するなど、市販品購入を少
(注3) ★：1年目はなしで乗り切る。

想定（露地野菜）

金額2	備考
500,000	中古
500,000	中古（馬力・状態による）
100,000	中古
50,000	新品
★	新品
★	新品
40,000	新品
★	新品
150,000	金額2は中古骨材利用
50,000	金額2は中古骨材利用
1,390,000	
5,000	
5,000	
2,500	
20,000	
5,000	金額2はリユース品
20,000	
40,000	
50,000	金額2は竹なども活用
100,000	金額2は5本
24,000	
20,000	
20,000	金額2は中古品
311,500	
100,000	金額2は研修先の協力
30,000	金額2は研修先の協力
50,000	金額2は研修先の協力
20,000	
240,000	
50,000	
10,000	金額2はリユース品も
30,000	
530,000	
50,000	
50,000	
30,000	
130,000	
2,361,500	

よって必要資金額は異なると思われる。

だけ中古品、リユース品、借用にして、支出をなくしている。

200万円を就農資金の目安と考えている。この程度は研修前に準備しておきたい。

表3－1は、新規就農した露地栽培農家が就農時にかかった費用をもとにした、就農に必要な資金の想定だ。参考にしてほしい。ある程度の自己資金を事前に準備しておかないと、アルバイトに追われて農作業ができないという本末転倒の事態になりかねない。実際、私はそうした新規就農者を目にしてきた。

なお、農業機械は価格が高く、新規就農者が新品を購入するのは難しい。中古品を入手するか近隣の農家に借りることになる。ただし、中古の農業機械は近年、海外への輸出が増え、新規就農者が入手しづらい傾向にある。借りるにしても、稲作の場合は田植えも稲刈りも同時期に集中するから、容易ではない。

大型機械は使わないか中古品を買って自ら修理する、使わなくなったハウスを譲り受け解体して自分で建てる、そもそもハウスは使わないといった営農スタイルもある。これらは労力がかかるが、初期投資費用を抑えるには有効だ。過大な初期投資をしないほうがよい。

〈吉野隆子〉

03 自分に合った研修先の探し方と研修中の心得

研修はなるべく2年

これまで多くの新規就農希望者を見てきたが、就農を決断した人は「一刻でも早く、自力で農業を始めたい」と望む傾向にある。研修中も、「早く終えて、自分の思い描く農業をしたい」と考える。年齢が高くなるほど焦りも生まれ、その傾向は強くなる。

しかし、長い目で見ると、きちんと研修を受けて技術を身につけてから就農するほうが絶対によい。実際に就農した先輩たちの現状からも、それは間違いない。

研修期間は最短でも、四季を一巡する1年間が基本。ただし、たくさんの研修生を育ててきた研修受け入れ先のほぼ一致した意見は「2年以上の研修がベスト」。研修後半は、研修と並行して独立就農のための準備をする期間ともなる。「有機のがっこう土佐自然塾」を主宰していた山下一穂さん(有機農業参入促進協議会前代表)は、こう語っていた。

「研修の基本は1年間だが、1年の研修で就農した人は継続できない場合も多い。2年目は研修生のとりまとめなどの役割を果たしつつ応用力をつける期間であり、1年目に学ぶことと2年目に学ぶことはステージが違う」

山下さんのもとで2年間の研修を受けて就農した農業者も同意見だ。

「研修期間は2年のほうがよい。同時に、1年目は『1年で修了する』という気構えで過ごすことが大切。自分は2年目に、自らの視点で観察して農作業をする力をつけることができたと感じている」

自分に合った研修先の探し方

農業体験がほとんどない状態で研修先を探す人も多い。研修に入る前に、自分が本当に農業に向いているのかどうかをまず見極めよう。短期の体験を受け入れている農家も多いので、実際に何度か農作業を体験すること。その体験を

経て、農家になる意志が固まってから研修農家探しにとりかかろう。研修先の探し方は以下を参考にしてほしい。

①就農希望地（地域）がはっきりしていれば、気候や土壌の条件が似ている近隣の農家で研修する。
②就農後の栽培作物や品目が決まっていれば、同様の作物や品目を栽培しているか、それらの適地付近の研修先を探す。同じ野菜でも、少量多品目か、品目をしぼって大量に栽培するかによって、選択は異なる。
③めざす農業の形がはっきりしていない場合は、「この人のもとで農業を学びたい」と感じた研修受け入れ先にお世話になる道もある。
④有機農業の新規就農者に向けた相談窓口で相談する。
⑤有機農業参入促進協議会のウェブサイトで探す。

研修受け入れ先とは1～2年間、毎日のように顔を合わせ、一緒に作業するのだから、相性の良さも重要なポイントとなる。受け入れ農家との良好な人間関係づくりの大切さを意識して、事前にじっくり話し合い、お互いが納得したうえで決めよう。

研修に座学は必要か

圃場での栽培実習に加えて、農家が自分の栽培について詳しく語る時間や、書籍・雑誌などを使って実習圃場だけでは学べないさまざまな事例を学び、知識を得る時間も大切だ。自分が得た雑多な情報を、研修先の農家とやりとりしながら整理して取捨選択し、道筋をつけることもできる。

研修先以外でも、講座やセミナーなどで学ぶ機会があれば、積極的に参加したい。その際、有機農業者だけでなく、**慣行農業**に熱心に取り組む先輩農家、自治体の農政や企画部門の担当者、農業や地域づくりに詳しいジャーナリストの話も大いに勉強になる。

研修中の心がけ

研修への取り組み姿勢は、就農後に反映する。体力・意欲を保ちながら、研修期間を過ごすことが求められる。とくに、農業次世代人材投資資金を受ける場合は、さまざまな点に注意することが必要となる。参考資料として、名古屋

市で開催しているオーガニックファーマーズ朝市村で研修生を受け入れる際に渡している心得を紹介する。

①研修後の独立・雇用就農をめざし、意志を強く持ち、期間途中で諦めることなく続ける。

②研修中の目標をしっかり定め、積極的に知識と技能を身につける姿勢を貫く。

③研修を毎日の生活の最重点に位置付け、研修期間中はレジャーや趣味の活動は極力控える。

④研修時間は研修先とよく話し合って決める。病気の場合などを除き、休まないのが原則。自己都合で休む場合は、必ず事前に研修先と相談する。

⑤外部の研修やアルバイトを希望するときは、必ず事前に研修先に相談し、許可を得る。

⑥地域の人たち、とりわけ農家と接する機会を多く持ち、研修活動を理解してもらう努力をする。

⑦研修日誌(89・90ページ参照)は毎日記録する。就農後にも役立つ。作物の生育の様子を細かく観察し、図や写真を使って記載し、気象状況や発見、感じたこと、疑問点も記載する。研修先に月1回提出し、内容を確認してもらう。

⑧研修先の経営の不利益にならぬよう、指示に従い、効率的に作業を進める。

就農の準備は早めに滞りなく進める必要がある。農地については研修を終えた時点で正式に借りる手続きをすることを前提に、借りる予定の畑を使わせていただき、土づくりをしながら、研修で学んだことを復習すれば、年1作しか栽培できない作物でも、2度試みることができる。

研修先では教えられた結果としてできるつもりになっていることが、ひとりでやってみるとできない場合がけっこう多い。できなかったことについては、翌日研修先で必ず確認しよう。

〈吉野隆子〉

第3章　有機農業はこうして学ぼう

12月7日（月）はれ　　　10:00〜16:00　5h

11号の大豆の収かくと草メりをしている時、数週間も前に整理したはずのツルムラサキの小さな株が残っていた。よく見ると整理した時に切れたツルムラサキのつるの一部で、つるが地面に接しているところから根が飛び出し、それにより再び根付いていた。ツルムラサキはトマト同様、茎から根を出すという特異があったと共に、植物の生命力の強さに感動した。野草ではなく作物もすごいパワーがある！

（実施したこと）
① 15号　ネギ 土よせ
② 11号　大豆収かく・草メリ
③ 11号　元肥入れて（油かす、ぼかし）を入れてトラクター耕運
④ ハウス前　豆たたき

エンサイ（空心菜）は、タイでは川沿いにはえている野草のようなものらしい。ツルムラサキもそうかもしれない

（詳細）
① ネギの土よせの際、ネギを寝かせた側と反対側にネギが折れて倒れていたり傾いていたりして、クワで土を寄せると倒れているネギの葉に土がかぶってしまい、ネギの葉を持ち上げながら土寄せが非常に手間どった。

この折れたネギの葉に土がのってしまう
こっち側は選　　　土よせ

なのでネギを寝かせた側はクワで土を寄せ、反対側はクワを使わず、倒れた葉を手で持ちよげて手で土寄せをして終わったらクワで遠くから軽く土を寄せながらウネを整えるやり方に切り替えたらスムーズにきれいにできた。

質問です
佐々木さんはこの場合どのようにハウも土寄せされているのかどうやると良いのかを教えてほしいです
少々かぶってもいいです。ただ、もうすこし肥料を与えて折れにくいようにすると①

（注）なのはな畑（愛知県江南市、佐々木正さん）で研修し、2016年に就農した近藤文樹さんの研修日誌。毎日、研修の内容・気づいたこと・疑問点などを、図も入れながら記す。就農後に参考になることも多い。

2015年2月4日(水)立春大吉　　あたたかな日
〈今日の流れ〉
　ぼかしかきまぜ　　　　　　　　　　　　　　　堀田さん
　踏込温床作り　　少しあたたかくなっている　においは少しくさかった
　　　　　　　　　作り方にそって進めていく
　　　　　　　① 落ち葉 30cmくらいの高さまで入れる。大袋6コくらい
　　　　　　　② 落ち葉平らにして米ぬかを入れる　きっくふむ。
　　　　　　　③ 鶏フン（ピヨピヨ鶏フン）、きざんだわら、米ぬか入れ
　　　　　　　　きっくふむ。
　　　　　　　④ 青草入れる。落ち葉(大袋6袋 途中から8袋)米ぬか
　　　　　　　　入れ、きっくふむ。
　　　　　　　⑤ 水を入れる　バケツ(6杯くらい)　あとは3〜5をくり返す
　　　　　　　　　　　　　　　　　　　　　　　　　　7まわりくらいやった
　これから毎日3ヶ所で温度を計り記録していく　（このあたりではさつまいもの芽出しで
　4〜5日で温度 上がってくる　　　　　　　　　　温床を使う人がいる）

〈扶桑の畑〉
　抜根したほうの畑　1m×2mくらいのみぞをほり(20cm)メリった草を細かく
　　　　　　　　　　して積んでいく

〈考察〉
　温床完成！温床作りは手間もかかるし、なかなか作る人がいないんだよ
と堀田さんが言っていた。中の落ち葉は来年の種まき培土になるし、わらも
刻んで堆肥になるし、無駄になるものがないというのがいい事だと
思う。夏野菜の種まきは初めてなのでこれから温床がどのように活躍
していくかしっかり見ていきたい。　　辨業、ぜひやってほしい。

〈学んだこと〉
　今時期の芽はあまり小さいうちに低い温度にあてるととう立ちしてしまうことがある。
トンネルをあけるときは2〜3日前に少しずつあけて寒さにならしておくとよい。
　　　　　　　　　　　　　　　　これはほんと大切！

(注1) なのはな畑で2014年から2年間研修した佐橋(現・宮島)麻衣子さんの研修日誌。就農後、同じ研修先の先輩と結婚し、2人で農業に取り組んでいる。受け入れ農家の佐々木さんは月に1度、研修生の日誌を確認し、疑問に答えたり、コメントを書き込んだりしている。

(注2) 「ピヨピヨ」は鶏糞を分けてもらう養鶏場。「扶桑の畑」は就農地。当時、研修を受けながら土づくりをして就農準備中だった。

コラム5

◆◆ エシカル農業 ◆◆

エシカル（ethical）とは、「倫理的」「道徳的」という意味で、「法律などの決まりがなくても、みんなが公正・公平だと思うこと」を指す。そして、人間も生きものも自然も、言い換えれば他者を傷つけない。

たとえば、人権や動物福祉、環境保全、持続可能性などに配慮した商品を選択する消費者をエシカルコンシューマー（倫理的消費者）と呼ぶ。そうした点に配慮した農業がエシカル農業。有機農業、環境保全型農業、低投入・持続的農業、動物福祉型畜産などが該当する。

一方で、植物工場産の野菜は、「土を使わないから清潔で、高度な管理のもとに無農薬で作られるので安心」と謳われ、不揃いで土汚れのある有機野菜より高く評価される場合がある。しかし、植物工場のあり方は決してエシカルではない。輸入資源によって施設が建設され、膨大なエネルギーを消費するからだ。安全・安心を売りにして持続可能性を犠牲にするのは大きな問題である。

また、GAP（Good Agricultural Practice、農業生産工程管理、適正農業規範）という認証制度がある。農水省のウェブサイトでは「食品安全、環境保全、労働安全等の持続可能性を確保するための生産工程管理の取組」と記されている。その考え方の基礎はエシカル農業に通じる。

だが、「認証を得れば農産物輸出の可能性が高まる」などと経済重視の目的に使われてしまうと、エシカルではなくなる。水分を含んだ重い農産物の海を越えた貿易は膨大な化石燃料の消費をともない、輸出相手国の農業にも影響を与えかねない。家畜飼料や油糧農産物（大豆や菜種など食用油の原料）など農業関連物資の輸入もできるだけ減らして、国産の飼料や食用油に転換していくことが地球全体の環境保全につながる。このように、国を超えた「倫理的」な対応がこれからの農業を考えるうえで重要になる。

近年、有機農業・有機農産物に関心が集まるのは、市民レベルでエシカルな考え方が広く根付いてきたからではないだろうか。

〈涌井義郎〉

コラム6

◆◆ 古老に学ぶ ◆◆

88歳で死んだ農家の おじいさんの教え

「人はな、うまくいったときは『これこれのやり方が良かったからだ』なんて、自慢げにいっぱいしゃべってくれるもんだが、『これこれのやり方』が本当のことかどうかは分からねえ。

違うかもしんねえから、あれこれ聞いてみたらいい。気分いいから、またいっぱいしゃべってくれるべ。だけどな、失敗したときの経験のほうが役に立つ。聞きたいのはそっちのほうだ」

「だけどな、失敗したとき人は隠したがるもんだ。聞いても教えてくんねえ。だからな、人の役に立ちたかったら、自分が失敗したときに『なんでうまくいかなかったか』をしゃべってやれ。人に喜ばれる。その人も、きっと失敗したときのことをしゃべってくれる。そういうのがいい、俺はそう思う」

現役で野菜づくりする93歳の おばあさんの話

「この家(農家)に嫁いだばかりの若い頃の話(70年前)だ。そのころ、蚕(かいこ)を飼っていてな。アンモニア(窒素肥料)をた〜くさん撒いてな、う〜んとほけさせた(大きく育てた)桑の葉を食わせた蚕はな、でっかくなったが、繭(まゆ)をつくらなかった。なんとか病だと指導員が言ってたな。

肥料もやらずに硬くガサガサした桑をやった蚕は小さかったが、ちゃあんと立派な繭をつくった。おら思ったな。生きもの(の健康)はやっぱり食いもんだと」

「おれもこの年まで元気でいられんのは、食いもん考えてきたからじゃね〜かな。ちっとは惚(ぼ)けたかもしんねえが」

「野菜も同じだと、そう思うよ。た〜だでっかく育てばいいってもんじゃねえ。それを食う人のことを考えればな」

〈涌井義郎〉

第 **4** 章

就農にあたって必要なこと

名古屋市のオーガニックファーマーズ朝市村。新規就農した有機農家の販路・仲間づくり、新規就農者育成、消費者との交流や農体験の入口など、さまざまな取り組みができる場となっている。

01 さまざまな販路の見つけ方と販路の長所・短所

販路探しも有機農家の仕事

慣行農産物の多くは、農協(JA)を通じて流通する。地域の土壌や気候の条件に合わせて品目をしぼって部会をつくり、大量生産・大量流通している。収穫した農産物をコンテナに入れて農協の選果場へ持ち込めば、その後の作業(選別・箱詰め・保管・出荷先選定・配送など)は、農協がすべて引き受けるケースが大半である。農家が自ら販路を探す必要はない。

一方、有機農業の新規就農者にとって技術と並んで大きな難関となるのが、販路の確保だ。有機農産物の価値を理解する人に届けるための流通ルートは、まだ確立されていない。したがって、多くの有機農家は販路開拓を含めて、出荷に関する一連の作業を自ら担わなければならない。そこが面白い部分でもあるが、新規就農者にとっては大きな課題ともなっている。

有機農産物の販路

有機農産物を遠隔地に送ったり大量に流通したりする場合は一般的に、証明手段として有機JAS認証(66・67ページ参照)の取得を求められることが多い。就農したばかりの農家にとっては、有機JAS認証を取得・継続するには手間と時間と費用がかかり、大きな負担となる。やみくもに取得に向かって進むのではなく、どのような流通形態を選ぶかを決めたうえで、取得する必要があるかどうか判断することを勧めたい。

出荷先が決まったら、荷姿(袋や箱のサイズや詰め方)、規格(重量とサイズ)、受注のタイミング、価格、送料・振込手数料をどちらが負担するか、消費税は内税か外税か、支払方法などについて、事前によく打ち合わせておこう。袋や段ボールなどの資材費も意外にかかるので、価格を調べておきたい。

現在の有機農産物の主な流通形態を、表4-1に示す。

①団体・生協

表4−1　有機農産物の主な流通形態

流通形態	流通量	必要な品目数	値付けの決定権	消費者とのつながり	特徴
団体・生協	多い	少品目で可	ない	間接的	有機JAS認証の取得を求められる場合が多い
個人宅配	やや多い	多品目	ある	ある	規模拡大が難しい
学校給食	やや多い	少品目で可	ない	多少ある	個人の意向を反映しづらい
レストラン・カフェ・自然食品店	少ない	ある程度必要	ある	間接的	1店あたりの必要量は少ない
直売所	やや多い	フレキシブル	ある	納入時にあることも	慣行農産物と並ぶと価格競争に
地元資本のスーパー	やや多い	ケースバイケース	ある	ない	産直コーナーを設けるスーパーが増加。地元の農家グループのコーナー展開をする店舗も
大手スーパー	やや多い	相手の希望に合わせる	ケースバイケース	ない	大きな生産グループの野菜が有機コーナーに置かれる場合が多い
卸	多い	フレキシブル	ない	ない	単価が安い場合が多い
マルシェ	やや多い	ある程度必要	ある	ある	消費者と直接つながるよく売れるケースは少ない
インターネット	さまざま	少品目で可	ある	ある	配送料上昇がネック
farmO（ファーモ）	さまざま	少品目で可	ある	ある	マッチングサイト運用は売り手と買い手の合意で決定

（注）流通量は状況によって変化する

　単品ないし少品目を出荷し、当該組織が他の農家の野菜とともに詰め合わせ、個人に向けて配送する。計画的な出荷が可能となるが、これまで出荷してきた農家で物量が足りているケースも多く、新規就農者が単独で入れる余地は少ない。研修先を通して既存のグループに加わったり、仲間を募ってグループ化したりできれば、参入できる可能性はあるが、一定以上の物量が必要となる。一方で、新たに有機農産物を扱い始めたり、取扱量を増やしたりする団体・生協も増えている。有機JAS認証の取得を求められる場合が多い。

②個人宅配

　農家自身が取り組む宅配で、直接配達の場合は顔がよく見えることが魅力。知人や親戚、居住地周辺の消費者を中心に、徐々に広げていく場合が多いが、30～40件以上の規模拡大には営業力が求められる。1回あたり5～15種類程度の野菜を常にそろえ、週替わりである程度違う野菜を入れなくてはならないことが、新規就農者にとっては課題となる。端境期(はざかいき)の品ぞろえ、近年の送料の高騰、セット組みの手間、配達時間の捻出(直接配達の場合)も、念頭に置いておく必要がある。

　個人宅配の消費者が継続する有力なツールに、箱の中に添えるメッセージがある。畑の状況や野菜への思い、届けた野菜の美味しい食べ方やメニューの工夫、気になる点についての補足(たとえば、「今回は保存していたじゃがいもを入れました。少し芽が出ているものもありますが、取り除いて食べていただければ問題ありません」というようなこと)、今後届ける予定の野菜などについて書く。忙しいときは走り書きでもいいので、消費者には見えにくい畑の状況を伝えることで、消費者が台風や大雨などの天候が厳しいときに心を寄せてくれるようになっていく。畑を見学し、交流する機会もつくろう。

③学校給食(主に小・中学校)

　給食の食材調達は基本的に各市区町村教育委員会の管轄だから、納入のハードルは高い。実際、有機農産物を食材に使用している市区町村は、まだ非常に少ない。ただし、市区町村の行政がひとたび有機化の方針を打ち出せば、急速に流れが変わる。給食を積極的に有機化した例として、愛媛県今治市(いまばり)(主に野菜)、千葉県いすみ市(米)、島根県旧柿木村(かきのき)(全般、現吉賀町(よしか))などがある。小さな市町村では、熱心に働きかけ続けることで使ってもらえるようになる場合もある。

④レストラン・カフェ・自然食品店

　都市部を中心に、有機野菜を取り扱うレストラン・カフェが増えている。ただし、各店舗が必要とする量はそれほど多くない。また、居住地周辺であっても店舗が点在していることが多く、配達時間が意外にかかる。取引を始める前にオーナーやシェフを田畑に招いて、生産方法やポリシーを伝えるとよい。レストラン・カフェの場合は、取りに来てもらえるかも相談してみよう。

⑤直売所

　手数料を支払って持ち込む。毎日出荷できるが、売れ残った野菜を引き取りに行かなくてはならない場合が多い。慣行農産物の価格に合わせると、利益が出にくい。また、定年帰農者が家庭菜園で作る野菜との値下げ競争になりがちだ。

⑥地元資本のスーパー

　近年、地産地消や有機コーナーの設置が増えている。手数料を支払い、持ち込むのは直売所と同じ。魅力は毎日の出荷が可能なこと。最近は、出荷日に売れ残った野菜の値段を日ごとに下げ、最終的に残ったら処分までしてもらえるスーパーも増えており、参入しやすい条件が整ってきた。価格を慣行野菜より１割以上高く設定すると価格競争で負けるケースが多いが、品質が良ければ、価格が高くても売れる店舗も現れている。

⑦大手スーパー

　農家が個別に取引するのは容易ではない。有機コーナーの多くには、大きな生産者グループの野菜が並ぶ。

⑧卸

　農家と実需者の間に立ち、流通を担う存在。それぞれ条件が違うため、行き違いが起きないよう、事前にていねいな打ち合わせが大切。野菜のサイズ、色づきの加減などの選別の基準、袋の材質やサイズなどの確認は欠かせない。先方の基準に合わないと、引き取ってもらえない事態も起きる。卸価格は小売価格の55〜70％と幅がある。５％の違いでも長期間では大きな差となるので、十分に検討してから取引しよう。

⑨マルシェ

　価格を自分で決められ、消費者と直接やりとりをしながら販売できる。消費者の評価が直接聞けるので、やりがいや成長につながる。ただし、売り上げが天候によって左右されるなど不安定な面もあり、売れ残った場合の持ち込み先を事前に見つけておくことをお勧めする。マルシェを自ら立ち上げる農家も多いが、運営にかかる手間や、よく売れるまでには時間がかかることを知ったうえで、取り組む覚悟が求められる。

⑩インターネット

インターネットを野菜セットの集客に活用する農家は多い。通常の行動範囲では出会えない消費者とつながる機会が生まれる。さまざまな人がいるので対応はていねいに。

⑪farmO（ファーモ）

有機農産物の売り手と買い手をつなぐマッチングサイト。農産物を農家の個性や思いとともに、買い手に届ける。農家が栽培している野菜・地域などを登録しておくと、買い手がそれを見て連絡する。農家が登録されている買い手のなかから条件に合うところに連絡してもよい。稼動して間もないため、利用する買い手に地域的かたよりがある。

有機農家が販売力をつけるために必要なこと

名古屋市でオーガニックファーマーズ朝市村を運営してきた経験から、有機農業の新規就農者たちが、販路を広げるために必要なことをまとめておこう。これらを意識して、継続的に努力することが大切だ。

①信頼関係の確立がすべての基本である。

②品質が高く、美味しい農産物を作る技術力を身につける。土地に合う作物・在来種を探して栽培することもそのひとつ。

③機会を逃さない。求められた農産物がなかったとしても、相手とコンタクトをとり続ける。一回で諦めない。

④リスク対策の意味も含めて、ひとつの販路にしぼらず、複数の販路を併用する。

⑤生産者グループに入る、もしくはつくる。

⑥販路探し・選別・出荷などをサポートしてくれる人とつながり、生産に全力投球できる体制をつくる。農家がすべてをやろうとすると、生産がおろそかになりがちだ。出荷グループであれば事務局が必要となる。思いを共有し、時間に余裕がありそうな消費者を見つけて事務局を担えるかどうか声をかけるなど、日ごろからつながりをつくることを意識しておこう。

〈吉野隆子〉

●コラム7

◆◆◆ 三澤勝衛の「風土産業」に学ぶ農産物とその加工品 ◆◆◆

　地域資源を活用した新たな付加価値を生み出し、農家の所得向上につなげる取り組みとして、農産物の六次産業化が注目されている。

　六次産業化とは、「一次（農林漁業）×二次（製造業）×三次（小売業など）」産業が総合的かつ一体的に推進されることを意味する。掛け算で示しているように、どの産業が欠けても成り立たない。

　しかし、全国各地で増え続ける直売所の農産物とその加工品は、どこもよく似ていて特徴がみられなくなり、売り上げを伸ばすことに苦労しているケースも多いといわれる。そうしたなかで、地域の個性をどう活かすかが重要なポイントになる。

　地理学者の三澤勝衛（長野県出身、1885〜1937）は、「風土産業」を次のように紹介している。

　「地域の風土は無価格でありながら、偉大な価値を持っている。それを活用すること、さらに風土そのものを充実させて濃密に織り込むことによって、経費・資源は大きく節約され、生産が安定し、自然の持つ力で品質は高まり、個性ある産物が売り物となる産業が実現する」（三澤勝衛『三澤勝衛著作集 風土の発見と創造〈3〉風土産業』農山漁村文化協会、2008年）

　地域の資源（風土）を活用し、持続性のある農村を維持していく栽培法のひとつとして、有機農業が認知されつつある。もちろん、日本の多様化した食料の消費形態のすべてを有機農産物でまかなうには、多くの課題がある。しかし、三澤の風土産業への視点で地域の特色を再評価し、条件不利地域とされる中山間地域であっても（こそ）、栽培方法の工夫や**在来種**、郷土食に注目するなどして、地元の農産物に地域特有の付加価値をつけることで、市町村、地域レベルにおける農産物や加工品の評価も変わるであろう。

　さらに、農家が自信を持って栽培・加工した農産物を「見える化」するためには、福井県池田町や福島県東和地区のように地域認証制度を設けることなども大切である。

〈藤田正雄〉

02 就農に関わる各種制度の活用方法と相談先

　周到な準備をして就農しても、新規就農者が初年度から大きな利益を得ることは難しい。日々の生活費だけでなく、サラリーマン時代とは異なり、設備費や機械代などの初期投資も必要になる。

　農業従事者の減少・高齢化が進むなかで、非農家出身者や若い人たちの就農意欲の喚起と就農後の定着を図るため、国や地方自治体、関係機関では、新規就農者を支援するさまざまな施策を用意している。

　以下で示す公的支援は税金を使って行う事業なので、提出書類やさまざまな決まりごとがあり、申請や運用も簡単ではない。安易に考えず、身の丈に合った範囲での活用を検討しよう。

農業次世代人材投資資金(旧青年就農給付金)

　新規就農希望者にとって最大の公的支援は、農林水産省の「農業次世代人材投資資金」である。就農予定時の年齢が45歳未満で、農業経営者となることに強い意欲を持っていることなどが条件となる。「準備型」と「経営開始型」に分かれている。

　①準備型

　研修中の最長2年間、国もしくは都道府県が認める農業大学校や就農に向けて必要な技術を習得できる環境が整っている農家・農業法人などで研修を受ける場合に、一人あたり最大で年間150万円を受給できる。研修機関の認定要件は都道府県ごとに多少規定が違うため、確認が必要である。

　なお、農業次世代人材投資資金は現在見直しが行われているため、受給を検討される場合は、農林水産省のウェブサイト(http://www.maff.go.jp/j/new_farmer/n_syunou/roudou.html)で確認するか、研修・就農予定の県庁・市町村に問い合わせよう。

②経営開始型

　市町村が認定し、就農後に経営が安定するまでの最長5年間、年間150万円を受給できる。独立自営就農時の年齢が45歳未満であり、「青年等就農計画」を作成し、市町村から認定を受け「認定新規就農者」となっていることや、市町村が作成する「人・農地プラン」に位置付けられていることが条件である。人・農地プランを作成していない市町村もあるので、受給を希望する場合は、就農希望地が人・農地プランを作成しているかどうか確認しておこう。

　なお、農業次世代人材投資資金は課税の対象となる。また、受給開始後でも規定が守れなければ全額返還しなければならない。詳しくは農林水産省のウェブサイトや都道府県、市町村、就農支援機関の相談窓口に尋ねよう。

　国の公的支援にはこのほか、農業法人などが就農希望者を新たに雇用して研修を実施する場合に研修経費の一部を助成する「農の雇用事業」がある。この場合、研修受け入れ先が受給対象になる。

資金支援制度

　認定新規就農者は、経営開始に必要な施設・機械の取得資金や運転資金を無利子で借りられる「青年等就農資金」が利用できる。このほか、認定新規就農者や認定農業者を対象にした資金支援制度として、機械・施設や農地の購入、新技術の導入などに利用できる「農業近代化資金」や「農業改良資金」「経営体育成強化資金」などがある（表4－2）。

都道府県、市町村の支援制度

　都道府県や市町村にはよく似た制度があるが、地域の特徴、就農形態によって異なる。就農候補地をある程度しぼった段階で、まず、情報収集からはじめよう。早めに出先機関である農業改良普及センターや市町村の担当部局へ相談することをお勧めする。

　都道府県では、就農に向けて充実した研修制度を設けている場合が多い。たとえば、道府県の農業（農林）大学校では、大型特殊（農耕車限定）免許証（トラクターで公道を運転するために必要）取得のための研修が受けられる。市町村では、家賃補助、農業機械・農業施設の取得費用の一部の助成などの制度がある。

表4−2 主な資金の種類と融資条件

区分	貸付対象	融資限度額	融資対象、利率	返済期間
青年等就農資金	認定新規就農者（ただし、特例として、45歳以上65歳未満も可）	3,700万円	施設・機械の取得等（農地等の取得は除く）。無利子	12年以内（うち据置期間3〜5年以内）
農業近代化資金	認定農業者、認定新規就農者など	認定農業者（個人）1,800万円	施設、農機具資金、長期運転資金（一部）。低利。認定農業者に対する特例あり	資金使途に応じ7〜20年以内（うち据置期間2〜7年以内）
農業改良資金	認定農業者など	個人5,000万円	施設（農機具を含む）の改良、造成または取得などの資金。無利子	12年以内（うち据置期間5年以内）
経営体育成強化資金	主業農業者、認定新規就農者など	個人1.5億円	農地取得資金、施設・農機具資金、長期運転資金（一部）。低金利	25年以内（うち据置期間3年以内、果樹の新植などは10年以内）
農業経営基盤強化資金（スーパーL資金）	認定農業者	個人3億円	農地取得資金、施設・農機具資金、長期運転資金。低金利	25年以内（うち据置期間10年以内）
農業経営改善促進資金（スーパーS資金）	認定農業者	個人500万円	短期の運転資金。低金利	1年以内

都道府県や市町村の就農支援情報は、全国農業会議所・全国新規就農相談センターの就農支援情報検索システム（https://www.nca.or.jp/Be-farmer/support/）で探すことができる。

人・農地プラン（地域農業マスタープラン）とは

地域の高齢化や担い手不足が心配されるなか、持続可能な力強い農業を実現するための基本となる人と農地の問題を一体的に解決していくため、5年後、10年後までに、誰がどのように農地を使って農業を進めていくのかを、地域や集落の話し合いに基づき取りまとめるプラン（計画）である。

取りまとめ役は市町村。地域農業の担い手を「地域の中心となる経営体」と呼び、農地の集積計画や利用図を作成し、地域における将来的な農地利用の設計図を描く。人・農地問題の解決を進めやすくするため、信頼できる農地の中

間的受け皿として、全都道府県に「農地中間管理機構」が設置されている。

　人・農地プランに位置付けられることによって、農業次世代人材投資資金（経営開始型）やスーパーL資金の当初5年間無利子化といった支援が受けられる。詳しくは農林水産省のウェブサイト（http://www.maff.go.jp/j/keiei/koukai/hito_nouchi_plan.html）を参照。

認定新規就農者と認定農業者

　「認定新規就農者」は、都道府県に認定された農業経営を始めようとする人を指す。新たに就農しようとする青年等（15～64歳）が将来の農業経営を定めた「就農計画」を作成して、都道府県知事に計画の認定を受ける必要がある。認定期間は、就農計画認定後10年以内かつ経営開始後5年以内。認定新規就農者は就農のために活用できる無利子の就農支援資金の対象者となり、農業近代化資金や農業改良資金の特例が適用される、目標達成に向けて都道府県や市町村からの指導が受けられる、などのメリットがある。

　「認定農業者」になるには、農業者が作成した「農業経営改善計画」が市町村に認定されなければならない。認定されると、農業経営基盤強化資金（スーパーL資金）などの低金利融資制度が利用でき、担い手を支援するための基盤整備事業などの各種施策を実施できる。

〈藤田正雄〉

03 営農計画の立て方

農業者は経営者なり、経営者は社長である！

　農業は、「自然と食」に直接関わることができる魅力的な仕事である。だから、農的暮らしに憧れて、有機農業での就農を検討する人も多い。しかし、実際に農業経営をするとなると、農地、資金、販路の確保はもちろん、経営者としてのさまざまな能力が求められる。

　たとえば販売の仕方に注目すれば、消費者に直接農産物を届ける提携は小売業、農産物をインターネット販売すればIT関連企業、生協や小売業者に販売すればその系列会社、農産物の加工を手掛ければ食品加工業の、それぞれ経営者すなわち社長である。

　経営者には、どんな作物を作るのか、どこで農業をはじめるのか、いつどこで技術を習得するのか、資金はどうするのかなど、就農に至るまでの具体的な計画とその実行が必要である。そして、将来の農業経営の構想、就農時や就農3〜5年後の目標に向かって、研修、資金計画などを明らかにし、必要なものを身につけていかなくてはならない。農業経営者には、夢やロマンを持ち続けるとともに、具体的に実行・継続し、発展につなげる能力が求められる。

有機農業への「思い」を具体的に描く

　「有機農業をやりたい！」「自然の中で暮らし、安心した食生活をしたい！」などの漠然とした憧れや夢を、現実のものにする必要がある。夢の具体化が「農業経営を組み立てる」ことだ。

　まず、漠然とした有機農業への思いを整理して「経営目標」を立てる。次に、どのような農業経営を展開して目標を達成していくのか、実際に農業を営むための「経営計画」をまとめる。作目の選定から農地面積や労働力予測、販売計画や資金計画まで、あらゆることを考えながら無理のないように計画を立てよう。

このとき参考になるのが「経営指標と先進事例」である。有機農業の事例を整理している自治体もある。就農地近くの事例が見つからなくても、自らのスタイルに合った先進事例であれば参考になる。以下では、単年度の経営計画を紹介する。中期計画(営農計画、販売計画、資金計画)については、「有機農業をはじめよう経営編」(有機農業参入促進協議会、2013年)を参考にしてほしい。有機農業参入促進協議会のウェブサイトからダウンロードできる。

実現可能な目標を設定する

ここでは、野菜作の少量多品目経営を例に設計してみる。そして、単年度計画の試算設計を、5年後を見定めた中期計画に反映させる。計画を立てる際には、1年間で達成できる実現可能な目標を設定しよう。計画の基礎となる新規就農2年目の経営条件を次のように仮定する。

表4－3　主な機械・施設の価格と減価償却額

機械・施設	規模	価格(千円)	耐用年数	減価償却額(千円)	水稲	露地野菜	施設野菜	果樹	花き
軽トラック		700	4	175	○	○	○	○	○
トラクター	20馬力	1,812	7	259	○	○	○		○
ロータリー	140cm	400	7	57	○	○	○		○
田植機	6条	2,250	7	321	○				
コンバイン	2条	2,370	7	339	○				
管理機		300	7	43		○	○		○
草刈り機	乗用	750	7	107				○	
草刈り機		60	7	9	○	○	○	○	○
マルチャー		130	7	19		○			
パイプハウス	20a	7,500	14	536			○		
作業舎		1,430	15	95	○	○	○	○	○
収納庫		715	15	48	○	○	○	○	○

(注) 水稲に必要な機械も掲載した。

① 経営資源
- 耕地面積・労働力：普通畑 50 a、家族 2 人（本人、妻）
- 施設：ビニールハウス（パイプハウス） 1 棟（5 a）、収納庫・作業舎 1 棟
- 機械：トラクター（20 馬力）、軽トラック、管理機、草刈り機、マルチャー（機械・施設の価格、耐用年数から減価償却額を計算し、農業経営費に入れる（表 4-3 参照））
- 販売方法：生協への出荷、JA および量販店有機野菜コーナーでの直売

② 所得などの目標
- 所得 200 万円（2 人分の生活費を得る）
- 50 a の農地をフルに活用し、周年出荷（収入も労働も周年）。農村での生活費の目安（人事院）をもとに目標を設定する。

③ 試算のヒント
- 研修先資料や地域の指標、基礎数値を参考にする。「平成 22 年度有機農業基礎データ作成事業報告書」（MOA 自然農法文化事業団、2011 年）をもとに、農産物の単価は 30% 程度の優位性を見込んで計算する。なお、野菜の品目ごとの比較は「全国の主要都市平均の国産標準品、有機栽培品、特別栽培品及び輸入品の品目別価格、販売数量、店舗数」（農林水産省）が参考になる。
作目ごとの経済性（収量、収益、経費）、月別労働時間は、西南暖地（四国・九州）の有機農業関係資料を参考にした。

④ 作目を選ぶ
- 経済性と技術力、労働力を照合しながら、主品目を選び、所得・労働力を試算。
- 労力面から主品目を補完する品目を選ぶ。

⑤ 作型の決定
- 出荷時期、労働力、連作や輪作、緑肥作物の導入、畑の効率的利用などを考慮する。

表4−4 作付計画

就農年数	1年目										2年目												3年目			
目標	各種野菜の試作、緑肥作物を利用した土づくりと無理のない換金作物の栽培をする。										緑肥作物と換金作物を組み合わせる。農作業の効率化に努める。												さらに、省力化を図る。			
圃場	4	5	6	7	8	9	10	11	12	1	2	3	4	5	6	7	8	9	10	11	12	1	2	3	4
A 10a		ソルゴー10a					コマツナ・コカブ5a						インゲン5a						タマネギ10a					
								コマツナ・コカブ5a						オクラ5a										
B 10a		エンバク・クロタラリア10a					ナバナ5a						ナス5a						ホウレンソウ10a					
								ダイコン5a						ピーマン5a										
C 10a		各種野菜試作10a					タマネギ苗10a						ナバナ5a						ナス5a					
													ダイコン5a						ピーマン5a					
D 10a		エダマメ5a					ホウレンソウ10a			エンバク・クロタラリア10a			タマネギ苗2a				ライムギ・ヘアリーベッチ10a					
		スイートコーン5a																						
E 10a		キュウリ5a					ライムギ・ヘアリーベッチ10a			キュウリ5a			ホウレンソウ5a					
	エンバク・クロタラリア5a	タマネギ苗2a											キュウリ5a			ホウレンソウ5a					
ハウス 5a		果菜類育苗							果菜類育苗										果菜類育苗					

(注1) ● 播種、◉ 定植、▬▬ 生育期間、◆▬◆ 収穫期間。
(注2) ソルゴー、エンバク、クロタラリアなどの緑肥作物は、土づくりのために作付けし、収穫した有機物を土に還元する。詳しくは「有機農業をはじめよう！土づくり編」(有機農業参入促進協議会、2012年)を参照。

作付計画(表4−4)

圃場ごとの作付け計画をたてる。たとえば、B圃場では、1年目に緑肥作物を導入後、ナバナを栽培する。2年目に主作目のナスを栽培し、栽培終了後に補完品目としてホウレンソウを栽培して、土づくりと労働力の分散を図るようにしている。

労働時間(図4−1)

作物ごとに月別の労働時間を算出する。より具体的な計画にするために、農作業日誌に基づく作物ごと・作型ごとの労働時間の集計から算出することが大切である。

ここでは、労働時間に視察や講演会出席なども入れている。新規就農者にと

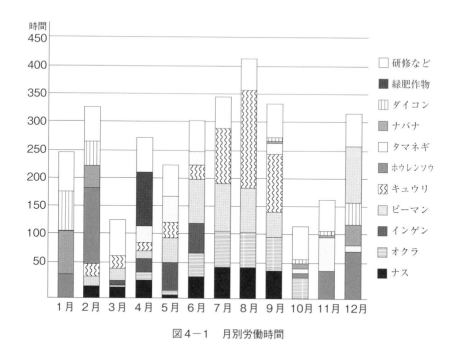

図4-1　月別労働時間

って欠かせない研修だからである。忙しい時期も含めて、栽培技術の向上、販路の確保のために、有機農業者の勉強会や新規就農者間の交流会に参加できるように計画した。

なお、月別労働時間が家族労働力（400時間＝2人×8時間×25日）を超える月には、雇用を検討するなど事前に対策を立てよう。計画例では、8月の労働時間が家族労働力より14時間多くなっている（図4-1）。

営農計画

生産量と単価から農業粗収益を算出し、農業経営費を差し引き、農業所得が目標額になるように、作付けを工夫する。農業経営費には、種苗費、肥料費、諸材料費、修繕費、水道光熱費、租税公課などの直接経費、減価償却費、地代などの間接経費、宅配料金、運賃などの販売費がある。

農業所得を大きくするには、以下の3点がポイントとなる。

①単位収量や作付面積を増やし、生産量を多くする。

表4-5 野菜作小規模多品目経営の営農計画例（2年目、目標所得200万円）

作目	合計	ナス	オクラ	インゲン	ピーマン	キュウリ	ホウレンソウ	タマネギ	ナバナ	ダイコン	緑肥作物
規模(a)	80	5	5	5	5	10	20	10	5	5	10
生産量(kg)	12,500	1,750	400	400	1,400	3,000	1,800	2,000	200	1,550	0
単価(円/kg)		245	820	950	430	248	530	145	680	75	0
農業粗収益(円)	3,977,500	428,750	328,000	380,000	602,000	742,500	954,000	290,000	136,000	116,250	0
直接経費(円)	997,159										
間接経費(円)	678,667										
販売費(円)	275,890										
農業経営費計(円)	1,951,716										
農業所得(円)	2,025,784										
農業所得率	50.9%										

（注）単価は複数の販売先の平均値を四捨五入した値であるため、生産量×単価＝農業粗収益にならない場合がある。

　②品質の向上や消費者との対応を検討して、販売単価を高くする。
　③農作業の省力化、資材費の削減を図り、農業経営費を少なくする。
　このポイントから、何を栽培し、飼育するか（作目）を選定する。選定にあたっては、確保可能な労働力、規模、販売方法の検討が欠かせない。そこから必要な農地や施設・機械を割り出し、どのような栽培方法でどの程度の収穫をめざすのかを設定していく。表4-5に作付計画に基づいた営農計画例を示す。
　作目ごとの収益性や労働時間は、研修先、就農スタイルに合った先輩農家や自らの記帳結果が役立つ。ウェブサイト「有機農業をはじめよう！」で公表されている経営指標や、島根県が公表している有機農業向けの「経営指標」も参考にしよう（QRコード参照）。
　一般に、就農初期は収益性が低く、作業準備や片付けなどに手間取り、想定以上に労働時間がかかる。それを考慮したうえで、自らの得意な分野を軸に、生産、販売および資金の計画を関連付けていこう。

〈みんなでつくろう！経営指標〉

＊表4-2～5、図4-1は、「有機農業をはじめよう！経営編」（有機農業参入促進協議会、2013年）より引用した。

〈藤田正雄〉

04 農地・家の探し方と地域とのつながり

農地を正式に借りるには

　農地の売買や貸し借りについては、農地法で定められている。「許可を受けないでした行為は、その効果を生じない」(農地法第3条7項)とされ、当事者間で契約を交わすだけでなく、市町村の農業委員会の許可を得る必要がある。口約束だけで農地を借りる「ヤミ耕作」をしている農家もある。だが、返すように地主から突然言われるケースもあるので、農業委員会の許可を得るべきだ。

　農業次世代人材投資資金の経営開始型を受給する場合は、農業委員会の許可が絶対条件となる。農業がさかんでない地域では、農業委員会が年に1～2回しか開かれない場合があるので、タイミングを逃さないように申請しよう。

どうすれば借りられるのか

　農地や家は、「こうすれば借りられる」と一言で答えることができない。近年、耕作放棄地が増えているので、農地は以前より借りやすくはなっている。とはいえ、農家にとって先祖代々引き継いできた農地や家への想いはきわめて大きい。「お盆に帰るから貸せない」「仏壇を置く場所だから」と、よく言われる。都市部で土地や家を貸し借りしたり売り買いしたりする場合とは事情が異なることを、理解しなければならない。だからこそ借りる際に、地域に根付いた、周囲から信頼されている人のサポートほど力になることはない。

　就農して間もない時期は、周囲の人たちは「どんな人なのだろう」「本当にここに居ついてくれるのか」と、様子を見ている。だから、地域の人たちとどう付き合うかは、経営の拡大や新たな農地の取得にとって大きな影響を及ぼす。

　新規就農者が条件の良い土地を借りるのは難しい。当初は狭い農地や条件が悪い農地しか借りられなかったとしても、まずそこで一生懸命に取り組もう。あわせて、畔や周辺の草を刈り、あいさつを欠かさない。さらに、消防団に参加し、地域の行事や清掃にも積極的に参加することで信頼度は高まる。やがて

「うちの畑も使わないか？」「あの畑が借りたいなら、口ききするけど」というように、周囲の人たちの協力を得られるようになっていく。

大切なのは地域とのつながり

「就農」とは「地域に就職すること」と言い換えられる。農村で生活している人の多くは、その地域で生まれ、ほぼ離れずに暮らしてきたので、家族構成や暮らしをお互いによく知っている。そうした地域に加わって、新たに生活をはじめるには、受け入れてもらうための努力が欠かせない。地域の集まりに積極的に参加し、地域の一員として共に暮らしていく気持ちがあることを、伝えていこう。

そして、お世話になった人への感謝の気持ちを持ち続けてほしい。もし地域に迷惑をかければ、その人にも厳しい目が向けられることを忘れずに。

就農直後は自分のことで精一杯だろう。でも、少し余裕ができたら地域への感謝の気持ちを具体的な行動で返すようにしてほしい。消防団活動、獣害を減らす取り組みなどのほか、高齢者のお手伝いや力仕事もある。

慣行農家や種苗店と仲良くする

ほとんどすべての地域で、有機農家より慣行農業を行う農家のほうが多い。彼らと親しくなると、慣行農家が自ら培ってきた技術を教えてくれることも少なくない。慣行農家の大半は、単作もしくは数種類にしぼって栽培しているので、一定の作目について高い技術を持っている場合も多い。初心者には簡単につかめない地域特有の気象条件、土壌の状態、播種の適期なども、長年栽培している農家だからこその知識がある。

それらを近所の慣行農家から学び、技術を伸ばしている有機農業の新規就農者もいる。「有機農法ではないから、聞いても意味がない」と思い込まずに、教えを受けてみるといい。そこから新しい関係性も生まれてくる。

また、有機農業で野菜をうまく作るには、品種選びが欠かせない。地域に根差した種苗店の大半は、地域に合う品種や播種の適期を熟知している。商店街では地味な存在だが、親しくなることで得るものは多い。

〈吉野隆子〉

◆◆ 農福連携の本当の意味 ◆◆

　障害者の働く場として農業に目を向ける、あるいは福祉と連携して農業の活性化を図る。農業と福祉の相互協力によって地域の課題に向き合おうとする。こうした農福連携が注目され、広がっている。主要な対象者は障害者とされるが、実践現場ではより広い活動がある。

　たとえば、農村部や都市郊外の障害者施設、老人福祉施設などで、農場を保有して稲作や野菜栽培に取り組む例が増えている。10〜20aの小規模菜園から、十数haの堂々たる農場運営まで、規模はさまざま。入所者のケア・癒やし、就労訓練、給食向けの食料自給などが目的で、農産物の販売収入を運営経費に繰り入れている事例もある。食料自給や生産物販売をめざす農場の多くでは、農作業専任スタッフが生産を担っている。

　作物の栽培だけではない。コムギやダイズ、野菜、果物でパン、麺類、味噌、ジャムなどの加工品を製造したり、生ごみで堆肥づくり、薪割りをして冬の暖房燃料づくりなど、福祉施設として取り組む活動は多彩だ。

　農園を持つ民間の保育所や幼稚園もある。給食用にも提供する野菜や小果樹を栽培し、小さな田んぼで田植えや稲刈りを体験し、ヤギやウサギを飼育して子どもたちが日常的に触れ合う。農業と福祉、教育の融合である。

　このように福祉施設や幼児教育施設が農業に取り組む場合、ほとんどが有機農業である。入所者や子どもたちの安全と健康が大前提だから、農薬は使えない。生産物を外部に販売する場合も、購買者は有機農産物や、自給食材による無添加の加工品を期待する。有機農場であることが、入所者の家族や一般市民の共通理解になっている。

　なお、農場をはじめたばかりの施設では、有機栽培技術に詳しいスタッフがいなくて、農場運営に足踏みしている事例が少なくない。したがって、近隣の有機農業者との連携は双方にメリットをもたらす可能性が大いにある。

〈涌井義郎〉

第5章

先輩新規就農者たちの営農と生き方

JAやさと有機栽培部会会員とその家族：1999年から開始した研修制度により、今では部会員の4分の3が農外からの新規就農者。

限界集落でできることを探る日々

浅見彰宏（ひぐらし農園）

> 1969年、千葉県生まれ。福島県喜多方市山都町早稲谷。少量多品目の有畜複合経営。稲作1ha、大豆・ソバ・麦などの畑作50a、野菜50a、採卵鶏30羽、豚5頭。販売は個人への直販など。粗収入300万〜500万円、実収入300万円未満

きっかけは平成の米騒動

1996年に4年間勤めた鉄鋼メーカーを退職して、埼玉県小川町の有機農家・金子美登氏のもとで1年間、農業研修を受けた。きっかけは1993年の大冷害、いわゆる「平成の米騒動」だ。この年は日照不足で、全国の作況指数は73。その結果、国産米がスーパー店頭から姿を消し、政府はタイ米を緊急輸入したのだ。未曽有の冷夏だったとはいえ、たった一年の凶作で大混乱に陥った日本の食料政策に疑問を持ち、農業への興味に至った。

しかし、経験が全くなかったので、就農するにはどこかで学ぶ必要がある。当時、非農家向けの農業研修制度はほとんどなかった。そこで、有機農業関係の書籍などを頼りに研修先を探し、金子氏の存在を知る。金子氏の農業は少量多品目の有畜複合経営で、研修生も受け入れていた。研修では、技術だけでなく農家として地域との付き合い方など、農業で自立するために必要な多様な知識を得られ、大変有意義だったと思う。

就農地は雪国の山間部を選ぶ

研修時点ではどこで農業をやるか決めていなかったが、都市近郊よりも過疎が進んだ山間地をイメージしていた。地域づくりにも深く関わりたいと考えていたからだ。そして、比較的首都圏に近く、趣味の登山で馴染みがあった福島県会津地方に狙いを定めた。

就農支援制度がほぼない時代なので、まずは空き家探しから。偶然、福島県の農業改良普及員と知り合い、今の地に古民家を借りられた。期待したとおりの、周囲を山々に囲まれた棚田の広がる山村である。

初めて借りた田んぼは7aで10枚と非常に小さく、畑も家についていた猫の額のような荒れ地。農業機械も全く持ち合わせていない。就農というよりも、田舎暮らしをはじめたというべきだろう。夏は福島県の農業試験場の作業員、冬は喜多方市内の酒蔵で蔵人をしながら、収入の確保と農業知識の獲得に努めた。

2年目には、間伐材をもらい自分で鶏小屋を建て、採卵鶏の飼育を始める。めざしたのは、金子氏と同じ少量多品目の**有畜複合経営**。その後、離農者から田畑を借りて少しずつ耕作面積を増やし、農産物の販売先も首都圏の個人、地元の個人やスーパーと広げていく。就農3年目には結婚を機に、夏場のアルバイトは辞めた。ただし、冬は雪が2m近く積もるため、アルバイトを続けている。

東日本大震災後は、NPO法人福島県有機農業ネットワークの活動を通じて福島県内各所でファーマーズマーケットを運営するなど、首都圏も含めて消費者と交流する機会を積極的に増やしてきた。地元食品加工業者に委託して、納豆、乾麺、日本酒などの加工品も販売している。

目下の悩みは獣害だ。年々増える耕作放棄地の影響もあり、イノシシ、サル、ハクビシンなどによる被害が止まらない。イタチのために養鶏は規模を縮小し、豚飼育にシフトした。

江戸時代からの水路で
地域活性化をめざす

集落の棚田に水をそそぐのは、江戸時代に造成されて以来250年以上守られてきた素掘りの山腹水路(堰)だ。しかし、後継者がいない小規模農家が多いため、最盛期には50名いた水利組

けっこうキツイ堰浚い(2018年5月)

合員は減る一方。水路の維持管理作業の負担が年々、増していた。

そこで、春先最大の普請である堰浚い作業にボランティアを募集することを就農3年目の2000年に提案。地域の事業に外部者を入れるにはさまざまな配慮や根回しが必要だったが、研修での経験が活きた。最初7名だったボランティアは年々増え、10年目以降は毎年50名近くが参加し、地域に貢献できていると思う。

さらに、このつながりを利用して、水利組合員の米の直販や、酒蔵に醸造を委託したオリジナル日本酒の販売を開始した。目的は、地域の農家の収益アップや地元農業後継者の確保である。キャッチフレーズは、「浚って応援、食べて応援、飲んで応援」。あわせて、地域住民とボランティアとの交流を深め、過疎化が進む山村の地域づくりに役立てている。

JA 有機栽培部会の存在が決め手

田中宏昌・陽路子

> 東京都出身の宏昌、宮城県出身の陽路子がIT企業で出会い、結婚。ともに1978年生まれ。2011年4月に茨城県石岡市のJAやさと夢ファームで研修を開始し、2013年4月に八郷地区で就農。5年目で800万円の売り上げを達成

▎JAの有機栽培部会で研修を受ける

　IT企業で働くうちに「家族との時間を大切にしたい」という思いがつのり、「夫婦で仕事ができる農業をやろう」と思い立った。私の不規則な生活を気にしていた陽路子も賛成。

　「有機農業は農薬を使わない。農薬撒布の機械も必要ないし、お金がかからないのではないか」

　埼玉県小川町で得た情報で、JAによって経営開始まで手厚い支援があると聞き、石岡市八郷地区を訪れた。

　この地区は全国的に注目される有機農業の郷。100戸近い有機農業経営者がいる。なかでも大きな存在が、1997年にスタートしたJAやさと有機栽培部会。部会設立2年後の1999年に有機農業を志す新規部会員の育成研修農場「夢ファーム」を開園し、2017年度までに18組が2年間の有機農業研修を受け、地域に就農してきた。第2研修農場も誕生し、2018年現在4組の研修生が就農をめざして学んでいる。

キュウリ畑で笑顔の二人

　私たちは13期生として、2011・12年度に夢ファームで有機野菜の研修を受けた。ここを選んだのは、充実した環境で有機農業を学べるし、研修中の生活費支援があり、就農後の販売先も確保されているからだ。

　ただし、引っ越し直後に東日本大震災があり、先行きが見えないまま何も作業できず、不安な日々がしばらく続いた。その後の研修中は、部会の先輩農家から指導され、同時に1年間重複する先輩研修生からもアドバイスを受けつつ、研修に励んだ。

有機栽培部会に所属して安定経営

就農にあたっては、部会長のお世話で 80a のまとまった畑を確保できた。周辺に慣行栽培の畑はない。当初は経験を積もうと多品目の栽培に取り組んだ。生産物のほとんどは、JA 有機栽培部会を通じて販売できた。

徐々に借地を増やし、就農 5 年目の 2017 年には畑 250a、水田 50a に。年間の作業ローテーションを重視し、この年からコマツナ、カブ、ミニトマト、ニンジン、ネギにしぼった。JA 出荷の必須条件として、畑はすべて有機 JAS 認証を取得している。

現在も、生産物のほぼ全量を有機栽培部会経由で出荷。JA が長く契約している東都生協に 70％、残りの 30％は東京都内のスーパーや八百屋に届けられる。

経営開始当初は手持ち資金がわずかしかなく、日本政策金融公庫からの借入金（就農施設等準備金〈当時〉）250 万円でスタート。5 年を経て年間 800 万円の売り上げを維持できるようになり、自宅の新築も実現でき、自信が深まってきた。

新規就農者へのメッセージ

農業は他の自営業と同じで、運転資金の確保は絶対条件。しかも、栽培をはじめてから出荷までに時間がかかる。入金までのタイムラグもあるので、余裕のある資金計画が必要だ。

とはいえ、就農当初はあまり売り上げを意識しすぎないことが重要。まずは毎日野菜の様子を見て、気温や湿度、空気の流れ、土の様子を丹念に観察し、栽培スキルを体得するとよい。とにかくたくさんタネを播こう。出荷物がなければ 1 円にもならない。

営農の道筋ができてきたら年間売り上げ目標を立て、4 半期に、さらに月間目標に落とし込むことで、達成率が上がる。前職の経験なども活かして、計画的な経営管理が大切である。

また、知らない地域に移住して一人でやるより、仲間が多くいて集団で有機農業に取り組めるところのほうがいい。悩むことが多々あるので、相談できる良き仲間が一人でも多くいると非常に心強い。農地の紹介を受けた際に、農業は地域の方々とのつながりや助け合いがあって初めて成立すると強く感じた。地域に溶け込むことが重要。地元の人たちは農作業をしている私たち移住者をよく見ている。でも、普通に頑張っていれば問題ない。

農業は楽しい。失敗しても、次はどうやったらうまくいくか考えるだけで楽しくなる。

お米もブルーベリーも地域もつくる

天明伸浩(星の谷ファーム)
てんみょうのぶひろ

> 1969年、東京都生まれ。新潟県上越市吉川区。妻と娘3人の家族経営。稲作7ha、ブルーベリー30a、採卵養鶏100羽、農産加工(ブルーベリージャム・ソース)。販売は産直や直売所など、粗収入700万円超、実収入400万〜500万円

大学院修了と同時に就農

　大学の農学部で勉強している間に農業の大切さを実感し、農民として大地に根付く暮らしをしたいと思うようになる。なかでも、主食である米作りがやりたかった。

　まだインターネットがない時代で、大学の教授の紹介や新聞記事を頼りに各地の農家を訪ねるなかで、上越市の山間地にある約4haの田んぼを離農者から購入できる話をいただく。地区の最奥部にある棚田で、効率的な農業は展開できないが、ブナの森からの湧き水を使った美味しいお米が穫れる。

　両親や大学の教授をはじめ多くの方から反対されたが、農業への強い思いがあったので、厳しい場所でこそやってみたいと考えた。大学時代から付き合っていた彼女と2人で、1995年にかやぶき屋根の古民家に移住して営農をスタート。それから23年、厳しい条件だからこそ、家族で協力する喜びを感じ、さまざまな人たちの気持ちに共感できる人間に成長できたように思う。

棚田の景色を眺めながらの農作業
重労働が多くても、気分は最高

地域の先輩農家とのつながり

　就農当初は、田んぼを売ってくださった方の慣行栽培を踏襲。新潟県からの研修資金(新規就農特別対策事業〈当時〉)を受けた2年間は、農業と村での暮らし方を学ぶ期間にした。

　独立後は、自分たちがめざす有機米作りや農産加工用の果樹栽培を少しずつ形にしていく。3年目にブルーベリーの有機栽培をスタート。水稲有機栽培は移住5年目に、アイガモ農法で20aから始めた。現在では120aがアイガモ農法とビニペット除草機による有機栽培だ。最近、平飼い養鶏も始めた。次女がダウン症なので、ハンディ

を持つ人も取り組みやすい軽作業がある分野をつくり、楽しく働ける農場にしたいという思いからである。

お米は個人宅配が主力だが、最初に獲得した顧客の高齢化もあってこのところ販売は苦戦しており、新たな顧客を開拓しなければならない。それは自らの農業を見つめ直すチャンスでもあり、定期的に必要な作業ではないだろうか。ブルーベリーは妻がジャムやソースに加工している。販売ルートは産直、直売所、生協などだ。

また、移住当初から上越有機農業研究会に参加し、先輩農家から多くを学んだ。就農地の近くには有機農業者がいなかったので、上越地域の仲間は大いに助かった。栽培方法、農産加工、販売方法などを教わらなければ、営農自体が難しかったと思う。悩みを聞いてもらい、失敗談も気楽に話してくれる仲間は貴重だ。

自然環境を楽しみ、地域をつくる

有機農業を続けていると、自然環境の変化に敏感になる。就農後の23年間で、自然環境の変化が著しい。たとえば、高温化が進んで害虫の発生量やタイミングが変化している。雨の降り方も大きく変わり、日照りが続いたかと思えば大雨が降り、作物の管理が難しくなった。また、イノシシやハクビシンなどの野生動物が増加し、獣害対策に電気牧柵を張る距離が長くなっている。除草剤を使わないから、柵の管理に多くの時間を割かざるを得ない。営農を圧迫することになる。

一方で、地域の野鳥や川などの季節ごとの変化を楽しみながらの観察は、山村で営農を続けるうえで必須である。ブナの森の散策をしたりして、家族みんなで自然を楽しんでいる。

私たちは、営農・生活環境・自然を維持するために多くのことをこなさなければならない。周囲の自然を上手く活用した有機循環型の生活を確立できればいいのだが、過疎化が進んで人口が減り、村の役などの負担が大きくなっている。私自身、農家組合長、地域全員が参加する協議会の事務局長、最適化推進員など、数え上げたら切りがないほどを担っている。その活動のために時間をとられ、新たな取り組みに手を出すゆとりがない。

しかし、人口減少をピンチと考えるだけではなく、しがらみがなくなって新たな取り組みをはじめるチャンスと考えることもできる。たとえば、地域の人に見向きもされない森林を薪作りなどの燃料として使いはじめている。かつての山間地は、燃料をはじめ多くのものをつくり出す豊かな地域だった。昔の形をそのまま再現するのではなく、現代に合わせて地域をつくり出せる面白い時代になっている。

まちのとなりで旬産旬消、稲作も

林 英史(はやし農園)

1973年、埼玉県生まれ。神奈川県横浜市青葉区鴨志田町。家族は妻と子ども2人。露地野菜約50a、稲作約1.1ha、小麦少し。直売、宅配、飲食店卸し。粗収入500万〜700万円、実収入300万〜400万円

兼業から専業へ

旬産旬消とは、季節ごとに育つ旬の露地ものを地元で食するライフスタイル。一昔前なら誰もが知っていた、古くて新しい農業のあり方だ。

ぼくは学生時代に、多摩丘陵の麓にある専業農家の離れで有機農業志望の仲間と共同生活し、研修を受けながら通学していた。卒業後は、公園などの緑のインフラを設計する仕事(ランドスケープ)に就くかたわら、横浜市の複数の農家で再び研修。兼業農家をめざし、20代後半でフリーランスに転身。農業の実績を積み重ね、2010年に認定就農者となる。ただし、まちに近いため農地の確保や農家資格の取得までに、時間は相当かかった。

まちで始めたのは必然だと思う。多摩丘陵という都市近郊に魅了されたからだ。雑木林に道路が通り、家が建ち、どんどん"まち"が増える時代。まちに翻弄されながらも「都市近郊の農業には陽があたらなかったけれど、これから変わるよ」と語っていた農家

毎週行う鴨志田郵便局の軒先直売。旬や美味しい食べ方がライブで伝えられる

さんの言葉が今も心にささっている。農業研修の中心は技術の習得だが、同時に農家さんの想いを聞けるチャンス。なにげなく聞いた言葉が大切な拠りどころとなることも少なくない。

当初は兼業だったが、東日本大震災でまちに食べものが流通しない現状を目のあたりにして考え直し、専業を志す。現在、青葉区内で、米、野菜、小麦合わせて約70種類を年10tほど安定的に生産している。内訳は、無農薬・無化学肥料栽培米1t、特別栽培米3t、野菜6t。トマト・ナス・エダマメに農薬を1回使用する以外、野菜に農薬は使っていない。

まちで農業を成り立たせる工夫

「なぜ横浜で稲作？」とよく聞かれるが、実はメリットが多い。田んぼは借りやすかったし、仕事が集中するから勤めとの組み合わせがよかった。米は貯蔵できるから計画的に出荷できるし、露地野菜の少ない時期に販売できる。

専業を志すと、まちならではの農業の難しさに直面した。毎年暑くなるなかで増える病虫害、草で荒れた耕作放棄地でも短い契約年数、狭い農地が点在するために費やす移動時間、すぐには土がよくならない畑で求められる生産量……。

一見、同じように見える農地も、作物に向き不向きが当然ある。短期的に売り上げが見込めるところ、狭いけれど周りに農地が多いので中期的に規模を広げられる農地、長期的に生産効率を考えて集約化を進めた場合にメリットのある農地。これらを分析して、計画的に選択しなければならない。まちでの農業は、農地の配置が作物の出来を大きく左右するからである。

現在の田畑は約20枚。各地に散らばる短所を活かす意味でも、栽培方法は有機栽培（無農薬・無化学肥料）、限定的に農薬を1回使用、無農薬栽培（育苗土に化学肥料を混入し、定植後は無化学肥料）の3つに分けてきた。そして、それをお客さんにきちんと伝えて販売している。「なぜ使わないのか」だけでなく、品質の確保や生産量の安定、採算性などの面から「なぜ使うのか」も、会話や通信で伝えてきた。

地の露地もの、旬を直接届ける

まちに近いのだから、生産と販売は切り離さない。また、作物だけでなく、作物が育った環境や周囲の風景も直接届けることを心がけている。

震災後はオーガニックスーパーへの卸を減らし、地元に旬を直接届けるスタイルにシフトした。郵便局やカフェ、家具店などの軒先を借りた直売、地場野菜に力を注ぐ飲食店への卸、ローカルメディアや商店会が主催するイベントへの出店などである。定期的に販売しているのは、田畑の周りの5地域と5飲食店だ。

最近は、ぼくが作った野菜を食卓に載せてほしい子育て世代やシニア世代に、スマホやSNSを通じて、生育状況、旬、美味しい食べ方を発信できる。飲食店と協力して、素材（野菜）と旬の一品（料理）を関連づけたアピールもできる。直売でも飲食店でも手軽に旬を楽しめるのが、まちの近くに農業がある何よりのメリットだろう。この距離感を大切にしながら、古くて新しい旬産旬消のライフスタイルを横浜北部から発信し続けていきたい。

美味しい野菜を作れば結果はついてくる

千葉康伸(ちばやすのぶ)

> 1977年、横浜市生まれ、埼玉県上尾市育ち。2010年に神奈川県愛甲郡愛川町(あいこう)に新規就農。有機野菜。畑3ha。労働力5名(研修生3名)。粗収入1600万円、実収入500m万円超

食への興味から有機農業へ

　子どものころから、ぼくが作る料理を家族が喜び、自分もうれしくなることをとおして、食に興味があった。就職・結婚後は仕事が忙しく、妻ともすれ違いが続く。そこで2人で話し合い、仕事と家族生活とを切り離さない暮らしを考えて、食への興味から美味しい野菜づくり＝有機農業にたどり着いた。

　さまざまな農家を見て回った末、有機のがっこう「土佐自然塾」(高知県土佐町)に入塾する。決め手は塾長・山下一穂さんの人柄だった。高知県に夫婦で移住し、2年間の研修を経て新規就農をめざす。塾長から受けた「五感を研ぎ澄まして、畑で自分の感性に焼き付けること」は、今も実践している。

　研修が終わり、生まれ育った関東地方で1ha以上の畑を探したが、大苦戦。「有機農業」という言葉を出すだけで、敬遠されることも多かったが、何とか愛川町での就農が決まる。町で初めての新規就農者だった。

研修生と畑で(右から2人目が筆者)

　最初の試練は、堆肥の散布をしていたところ「においがきついので、やめてくれ」という近隣者からの苦情。いいきっかけと思い無施肥で栽培したところ、土の状態を理解していなかったために、全くできなかった畑があり、予想を下回る収量。農業の難しさを改めて思い知らされて、弱気になった。

まず、やってみる

　そんなとき、有機農業の普及を目的としたイベント「土と平和の祭典」に登壇する機会をもらう。人前で話すことで、「お金がない、家族が養えない」という自分の問題ばかりに焦点を当てずに、「周囲のため、地球のためにや

る」ことの大切さに気づかされた。

その後は「聞いたり見たりしてピンときたら、まず、やってみる。そして、畑から答をもらう」を合言葉に行動。すると秀品率が大幅に向上していく。自らの負の雰囲気が畑にもマイナスの影響を与えていたのだ。逆に「農業が好き、畑が好き」という前向きな姿勢になれば、どんどん良いものができていくということを知らされたと言ってもよい。

そして試行錯誤の末、主に緑肥作物を活用した土づくりを行い、防草シートや太陽熱消毒など抑草技術の改善にも取り組んでいった。前作の作柄、施肥量を調べ、野菜の生育状況を観察し、何をすべきかを畑から教えてもらうように意識した結果が、今につながっている。妻と2人で年間50品目を栽培し、就農2年目の2011年の**農業所得は前年の2.5倍に増えた**(当時の面積は1.4ha)。

販路の拡大と研修生の受け入れ

販売に関しては、師匠の山下さんから言われた。

「営業するな。いいものを作ることだけに集中しろ。営業する暇があるなら、畑に専念しろ」

愚直にそれを実行していくと、作った野菜が「美味しい」と評価された。そして、愛川町内の工務店の入口に直売所を開設していただいたり、神奈川県内のレストラン、生協や東京都内のスーパーが扱うようになり、しだいに販路が拡大していく。

また、畑に力を注ぐ姿を見て、「研修をしたい」という人が現れ、就農4年目にひとり受け入れた。2015年からは、神奈川県の青年就農給付金(準備型〈当時〉)の受給対象の研修先として認定を受けている。2015年4月に、最初の研修生が愛川町で独立。彼の成功が以後の地元への有機農業の広がりを左右するため、精一杯の支援をした。

一方で、緑肥作物を活かした栽培技術にかなりの成果が見られ、秀品率がより向上し、農業所得は2015年に1000万円を超えた(面積は2.3ha)。自宅を新築し、作業小屋や育苗ハウスを建てたほか、第2子が生まれ、事業拡大とともに私生活も充実している。

現在は、有機農業参入促進協議会の副代表理事、次代の農と食を創る会の代表理事や、新規就農者を育成するアグリイノベーション大学校(AIC)の専任講師などもつとめ、有機農業の拡大を後押しする立場になった。有機農業をめざす人たちには、こうアドバイスしたい。

「やるかやらないかだけ。やらないと何も動かない。やってみてから考えよう」

効率化して生産性を上げ、野菜をちゃんとつくりたい

牧野麻衣(まいまる畑)

> 1980年、愛知県生まれ。2010年に愛知県岡崎市で就農し、18年から愛知県西尾市へ移る。露地野菜(大根・小松菜・キャベツ・人参・白菜・じゃがいも・玉ねぎなど)を年間50種類栽培。2017年の売り上げは700万円(経費300万円)、自身の純収入は約200万円

2人ではじめた有機農業

栄養士として働いていた病院で2004年に、調理師をしていた梅村里海さんに出会った。何かをインターネットで販売してみたくて、市民農園を借りて野菜を作ったのが農業をはじめたきっかけだ。

自分たちも食べるのだから、農薬を使うという選択肢はなかった。近くの有機農家を見学したとき、「野菜はネットで売れるし、生計も成り立つ」と聞き、就農を決める。

農地を借りたくて相談に行った岡崎市役所で、市が運営する農業塾を卒業すれば農地を斡旋してくれると言われ、1年通った。卒業後に市役所の職員から貸していただいた18aの農地を手始めに、年々面積を増やしていく。2018年には1.2ha、ハウス4棟に。

農業機械は就農時にトラクターを中古で、アタッチメントとしてマルチャーや肥料撒布機を新品で購入し、管理機なども徐々にそろえた。農園の名前は「のんのんファーム」。

2018年は台風の大きな被害があったが、めげない

販売の基本は9品目2000円+送料の野菜セット。お客さんは当初は1人だったが、1カ月300セットにまで増えた。その3分の2は岡崎市内なので、自分たちの手で配達。野菜が少ない3～4月はセットを休んで、名古屋市のオーガニックファーマーズ朝市村に出店した。

2人から1人へ

2人でやってきたのんのんファームは2017年末で終了。梅村さんが「一緒にいろいろ考えながら農業するのは楽しかったけれど、農業は卒業したい」と別の道を歩き始めることになっ

たからだ。使っていた農地は、有機農家で研修を終えた新規就農者が引き継いでくれた。私は2018年に実家のある西尾市に戻り、自分だけで「まいまる畑」をはじめた。農園名には「大事に育てた野菜を、食べてくれる人に、まるごとお届けしたい」という思いを込めている。

近所の畑で作業している人たちに声をかけながら1枚ずつ畑を増やし、現在約50a。海の近くで風が強いためトンネル栽培が多いが、トンネルがはがれやすい。1人でのトンネル張りに苦労している。もっとも、それ以外は順調。2019年春から再び旬の野菜セットを出荷しながら、朝市村にも出店している。2人で1000万円売り上げるのが目標だったから、1人になった今は500万円が目標だ。

女性農家のハンディと強み

女性が農業をするうえでハンディキャップになるのは、重い物の運搬、日焼け、トイレ、体力だろう。

ただし、体力はなくても、機械で補うことができる。草刈りがやりきれなかったから、ハンマーナイフモアを買った。大きな畑を借りたら畝立てが大変だったので、管理機を入手。肥料袋が重かったから撒布機も買った。トラクターの前側で肥料を撒きつつ、後ろ側のマルチャーでマルチを張ってい

く。おかげで早く準備ができ、たくさん作れるようになった。体力がなくてもできる自分なりの方法は、ほぼ完成した段階かなと思う。

女性ならではの強みは、お客様に安心感があることだろう。配達先でいただきものをしたり、「応援しています」と声をかけられたり、お客様に守られている感覚がある。

梱包がていねいだとほめられることもあるけれど、実は野菜を洗わないし、袋にも入れない。農業の仕事の大半は収穫と出荷で、そこをどれだけ効率化できるかがポイントだと思っているから。効率化して生産性を上げることが大切だと思う。

たとえば、カブの間引き。以前はあまり考えずに何度もやっていたが、今は1回で済ませる。早い時期に間引いて、間引き菜は出荷しない。間引き菜を出荷するのは有機農業の良いところだけれど、作業に手間がかかって採算が合わないから。そして、小さいカブを5〜6個採るのではなく、普通の大きさのカブを3個採るようにしている。こうすれば、収穫の手間も減る。

最近、今さらだけど、野菜をきちんと作る大切さを感じている。有機農業はスローなイメージがあるけれど、スローにやっていては食べていけない。時間は無限ではない。時給を計算してみると、それがよく分かる。

高品質な堆肥と育苗培養土づくりで有機農業を底支え

高谷裕一郎(五段農園)

> 1977年、秋田県生まれ。2015年に岐阜県加茂郡白川町黒川に新規就農。育苗培養土をつくって約50軒に販売するほか、畑45aでトマト・里芋・ナス・ピーマンなどを栽培。粗収入約500万円、実収入300万円未満

有機農業を始めたきっかけと就農

「農業に関わる仕事をしたい」と思い、山形大学農学部へ進学。土壌中のリンを吸収して植物に供給し、植物から糖をもらうVA菌根菌という共生微生物の研究をした。大学院修了後は種苗会社に就職し、種子の生産管理部門へ配属される。

野菜の多くは日本原産ではないため、国内での種採りが非常に難しい。品質の良いものが採れないので、海外での採種が当然とも言える状態で、種子の9割は海外産だ。年間100日ほど海外の種採り現場に行き、採り方を見たり、F₁のオスとメスのマッチング調査をしていた。こうした仕事を通じて、種や苗に触れる機会が多かった。

当時は神奈川県に住んでいたが、都会での暮らしが合わない。地方の農山村へ移住したいと思っていたところ、都会育ちの妻も賛成。名古屋市で行なわれているオーガニックファーマーズ朝市村の就農相談を通して白川町を紹介され、行ってみたら風景に一目ぼれ。

クラウドファンディングで入手したローダーで堆肥の仕込み

その勢いで移住したのは2015年だ。運良く、リフォームしたばかりで住み手を探していた畑つきの空き家も紹介していただけた。

移住後に1年間研修を受けて就農。最初は野菜を中心に栽培していたが、2016年に堆肥・育土研究所(三重県)の橋本力男さんのコンポスト学校に通ったことで、「質の高い堆肥をつくる人が各地域にいたら、もっと有機農業が普及するんじゃないか」と考え、思い切って堆肥や培養土づくりを中心にした農業経営に舵を切る。高品質な堆肥、育苗のための有機培養土、有機栽培の苗の生産・販売で、有機農業を底支えしていきたいと思っている。

白川町と新規就農者

　白川町は年々人口が減っている中山間地域だが、有機農業の新規就農者が増え、移住後に結婚するケースも多い。子どもたちも増えて、有機農業の移住者と家族が人口の0.5％を占める。

　移住者は消防団活動をしたり、担い手がいない地域でオペレーターを引き受けたり、地域のことも考えて活動しているため、周囲から受け入れられているように感じる。こうした状況が生まれたのは、1998年から活動しているNPO法人ゆうきハートネットの力が大きい。

堆肥や培養土の力を実感

　堆肥づくりには、水の量をコントロールするために、屋根とコンクリートの床が欠かせない。堆肥舎はかつて鶏を平飼いしていた鶏舎で、理想的な条件だ。2017年にクラウドファンディングや培養土の先行予約を行って、コンクリートの床の張り直しとブロック塀の仕切り設置、切り返し用のローダーの購入を実現した。

　現在、モミ殻を主体にした堆肥、有機の育苗培養土、それらを使って育てた野菜の苗の販売が経営の柱だ。加えて、堆肥と育苗培養土の効果を確認する意味もあり、野菜を栽培し、約10品目入れた野菜ボックスを約25人の顧客に送っている。水田を転換した畑なので水はけが悪く、土が締まりやすい。だから当初は根が酸欠になり、生育が悪かった。その後、自作の堆肥を入れることで物理性が非常に良くなって、収量が増えた。味も向上し、明らかな違いを実感している。

　始めたころの顧客は知人・友人だけだったが、フェイスブックで広がった。ただし、畑は標高700mにあり、とても寒い。野菜ボックスを出荷できるのは、7月初めから12月中旬の半年間に限られる。

　植物の持つ美しさ＝生命力。見た目に美しい苗をしっかりつくることで、生命力の高い良い野菜が栽培できると思う。温度や水など植物にとって大事な条件はいくつかあるが、「育苗技術の80％は培養土で決まる」と言っても言い過ぎではない。良い培養土を使っていれば、苗づくりのほとんどの問題点はカバーできる。新規就農されるみなさんは、良い苗をつくるところから始めてほしい。

　私が新規就農時にぶつかった壁が培養土だった。橋本さんから堆肥の意義を学んだから今がある。これからの有機農業の発展には分業も重要だ。私は新規就農者の苗づくりをサポートしていきたい。そして、各地に堆肥センターが誕生し、有機農業を支える未来を思い描いている。

地域があってこそ面白い

長尾伸二(ながおしんじ)

> 1975年、大阪府豊中市生まれ。珈琲屋の店長を9年務めた後、1995年に福井県今立郡池田町(いまだて)へ移住。水田15ha(2毛作3ha)。2018年3月にカフェ「長尾と珈琲」をオープン(土・日のみ営業)。粗収入700万円超、実収入300〜400万円

池田町に移住した理由

　子どものころは、近くに田んぼやイチヂク畑などがあった。とはいえ、肥料(人糞)を運ぶおじいさんが家の前を通るとき、臭くて嫌だなぁと思って見ており、土に触れる機会は全くなく育つ。気がつけば田んぼがなくなり、小川が消え、マンションが増えていた。

　結婚後の私の暮らしは、長男の重いアトピーで一変する。妻が自然治癒力を重視して、有機野菜や無添加食品を選ぶようになった。そこから見えてきたのは、生活のアンバランスと日本社会への怒りだ。それが高じて、田舎暮らし、さらに無農薬で食べものを作る自給自足的暮らしを決意する。

　池田町のことは新聞で知った。20年間農林業に従事したら、新築の一軒家が自分のものになるという。それを見てすぐに町役場を訪ね、研修先の農家に会った。そして、近くの滝を見て、美味しいお蕎麦を食べ、移住を決意。他の地域は見に行ったこともない。

古民家を改装したカフェ

稲作で安定した生活を実現

　研修先は稲作の有機農家。3年間面倒を見ていただいた。感謝しているが、決して優れた農家ではない。むしろ反面教師として、良い経験をした。田んぼや畑の先生は、その農家にパートで来ていたおばちゃんたちだ。

　「百姓は朝から晩まで働くんや。ちょっとさぼっても、お米や野菜が泣いとるで。百姓は毎年、一年生じゃ」

　精神論だけど、勉強になった。もっとも、しばらくは退職金や貯金を食いつぶしたけれど……。

　稲作は、除草剤1回のみ使用と特別栽培米の2種類。最近の収穫量はだいたい500俵である。個人販売が300俵

で、売り上げ700万円。米問屋を通した販売が200俵で、売り上げ300万円。その他の収入は、作業受託と稲発酵飼料（WCS）と補助金だ。年によって若干の変動はあるものの、1俵2万3000円程度で販売できる安定した個人顧客のお陰で、経営は成り立っている。ぜいたくはできないものの、十分に食べていける。

妻と二人三脚の経営を続けてきたが、次男の就農を機に法人化した。また、耕作面積が8haを超えてからは、畔の草刈りを定年退職された方たちの集団に委託している。現在は、野菜は家庭菜園程度だ。

技術面の課題は、土づくりの時期が遅れること。集団作業が多く、若手農家が本来なら農協がやるべき仕事を請け負わなくてはならないからだ。農協や農業改良普及センターとは、良好な関係を築いてきた。教えることもあり、教えられることもある。

町役場とは対等だ。小さな自治体では、住民も行政もボランティア精神がなければ、良い地域をつくれない。池田町の良さは、スモールとスピード。「ゆうき・元気・正直農業」を掲げ、独自の地域認証システムや堆肥づくりを行い、コンセプトのしっかりしたまちづくりをしている。移住者も多い。私は、先住民と移住民のつなぎ役を楽しんでいる。役場職員の大変さが分かるので、こちらも頑張ってしまう。

移住前の仕事は非常に忙しく、子どもの顔もろくに見られなかった。今の生活は家族と一緒が一番リラックスできる。四季と文化を感じられる幸せが農村にはある。

成功の秘訣

地域に溶け込むためには、ある程度の時間と自己犠牲が必要となる。頭が固い人たちに涙を流すこともあるが、ときには耐え忍ばねばならない。それでも、10年も我慢して努力すれば道は開ける。

田舎での生活は地域があってこそ面白い。個人が楽しむためだけの田舎暮らしは、絶対に失敗する。地域あっての個人だと思う。我が家の場合は、家族、仲間、池田町、集落の順で物事を考える。集落より町を優先しているのは、この町がとても好きだから。

悩むより、飛び込もう。ただし、本気でなければ止めたほうがよい。田舎でうまくやるための条件は4つだ。人が好きで、祭りが好きで、自己犠牲できて、いろんな食べものが好きなこと。また、農業と田舎暮らしは違う。それを一緒と考えると失敗する。農業を本気でめざすなら、3年は死にもの狂いでやりなさい！人の意見を聞きなさい！人の技を盗みなさい！朝は朝日を、夕方は夕日を友に頑張りなさい！

持続可能な暮らしと有機農業

松平尚也・山本奈美(耕し歌ふぁーむ)

> 松平1974年、京都市生まれ、山本1973年、大阪市生まれ。京都市右京区京北地域黒田。約2haで伝統野菜(青味大根・鷹ヶ峰唐辛子・万木蕪など)と新京野菜(京ラフラン・京てまりトマトなど)を栽培。関西中心に全国に宅配(約30件)と八百屋へ卸す

持続可能な暮らしと有機農業

松平は2005年に就農した。大学時代にNGO(非政府組織)の活動に参加。世界の格差を目の当たりにし、持続可能な暮らしをめざすようになる。有機農業をはじめたきっかけは、食の主権を訴える海外の小農民に「世界で飢えが存在するのに、日本はなぜ食料を輸入するのか」と問われたこと。その後、有機農業運動に関わる中で有機農業者たちの存在感に圧倒され、就農した。

山本はNGOスタッフとして国内外の社会問題に立ち向かう人びとから数多くを学んだ後、オランダの大学院で開発学を専攻。「世界の片隅」に暮らす人びとに降りかかる開発という名の災難とそのメカニズムを知る。誰かの犠牲の上に成り立つ暮らしからできるだけ遠ざかり、土に近い暮らしをしたいと思うに至り、京都の山間地に移住した。山間地で細々と野菜を作る農家も幸せに生きていける社会の夢を描きつつも、多彩な微生物で織りなす土の世界に魅せられ、惑わされ、翻弄され、

京都市内といっても雪が多い

農家としてはまだまだ修行中。

2人が立ち上げた農場「耕し歌ふぁーむ」は、京都市内から約40km離れた、桂川源流域の自然豊かな里山にある。持続可能な暮らしと、源流域の田畑や森を上下流域住民の暮らしの交流を通じて守る流域内自給をめざして、農場をはじめた。「耕すこと」は「歌」と似ていて、人びとの素敵な出逢いと愉しい取り組みを生みだす。食べものを軸に幸せな時間や空間をシェアしたい、という想いを込めた農場名を付けた。

野菜のタネにこだわり、里山のめぐみをおすそわけ

耕し歌ふぁーむの特徴は、固定種や

伝統野菜などのタネへのこだわりにある。味が良く、地域の食文化の歴史を保持しながら育まれてきた品種を次世代につないでいきたい。

松平は最初、漬物づくりを行おうと考えて就農したが、継続が困難な状況に直面する。漬物消費量が激減するなかで、販売先の確保に苦労していたところ、山本が伝統野菜セットを提案。「里山のおすそわけ定期便」という名で定期送付を開始した。

キーワードは、里山から自給のおすそわけ。農家は野菜の間引き菜からつぼみ、あるいは種の実まで、野菜の一生をいただく。山で採れる山菜も食卓を賑わす。加工を工夫して、楽しむ期間を伸ばす。その「自給」を都市部や下流域に暮らす人びとと分かち合うというコンセプトだ。ありがたいことに、このコンセプトに共感する多くの食べ手に支えられ、今日まで継続できている。大規模な展開は難しいが、農を営むことで生活を支えるためのひとつの有効な方法だと思う。

新規就農希望者へのメッセージ

一口に新規就農というが、「農業」について多様なこだわりを持って就農する人が多いだろう。その反面、有機農業を取り囲む環境は柔軟性に欠ける側面がある。農村は伝統的な家・村を基軸として維持され、新しいやり方へ の風あたりは強い。また、これまでの知見が蓄積されてきたとはいえ、有機農業は慣行農業と比べると技術や経営の歴史が浅く、多様な農それぞれのモデルは確立されていない。

こだわりを貫くことが難しい場面に直面し、試行錯誤が必然的に多くなる。それでも、就農当初の初志を忘れずに、困難を一つひとつ乗り越えていってほしいと思う。というのも、有機農業には、持続可能で自立的な生き方を模索できるという、他の産業にはない可能性があるからだ。

もちろん、農業経営やスタイルを確立し生計を安定させるためには、制度の利用を含めてあらゆる手段を講じる必要がある。耕し歌ふぁーむでも、松平が青年就農給付金（営農開始型〈当時〉）を一時期受給したり、山本が出稼ぎをしたりと、初期投資費用の不足を補ってきた。農場外労働への意見はさまざまだが、「続ける」ためにはあの手この手を駆使する必要がある。農だけで暮らしを支えられる農家が増えると同時に、半農半X的な農家も含めて多様なスタイルの農家が増えてこそ、食と農の現状は好転すると思う。

就農した動機を農業スタイルの確立の方向性につなげて、あなたにしかできない有機農業の道を追求してほしい。そこから、あなたと有機農業の発展が見えてくる。

地域も重視した大規模なハウス経営

小松原修(株式会社小松ファーム)

1982年、島根県弥栄村(現浜田市)小坂生まれ。2008年に就農。ハウス43棟(93a)、露地野菜70aで、約15品目を栽培。販売はグリーンハート、卸、スーパーなど。粗収入約3000万円、純収入500万円超

土木の仕事からハウスの有機栽培へ

ぼくの実家の主な仕事は農業ではなく、高校卒業後は土木関係の仕事に就いた。しかし、公共事業が減っていき、あまり展望が描けない。しかも、育った集落には若い人が残らず、活気がない。そこで、なんとか集落を元気にしようと、農業を新たな仕事に選んだ。

浜田市に合併される前の弥栄村には、Iターン者を中心に非農家出身向けの農業研修制度があった。2007年度にその研修を受けて葉物野菜の無農薬栽培技術を学び、08年に独立。徐々にハウスを増やしていく。冬の寒さが厳しく、雪もけっこう降る弥栄では、ハウスなしには周年栽培は不可能だ。

主力商品は小松菜、ホウレン草、水菜、小ねぎ。そのほか、チンゲン菜、ワサビ菜、ルッコラなど約15種類を栽培している。売り上げは10aあたり400万円程度。ハウスへの投資額が多いので、これくらいなければ回収できない。

弥栄は典型的な中山間地域

弥栄は昼夜の温度差が大きく、水が豊か。美味しい野菜を作るには恵まれた環境である。施肥設計や土壌検査を確認しつつ、本来の味を追求するとともに、栄養価の高い野菜栽培を心掛けてきた。また、土づくりに力を入れ、落ち葉、枯れ草、椎茸のほだ木などを堆肥化して投入している。山村だから堆肥の材料には困らないが、11〜12月は落ち葉集めに忙しい。すべてのほ場で有機JAS認証を取得し、化学合成農薬と化学肥料はまったく使っていない。

販売は県外だが、地元も重視

独立以来、有機農業の師匠でもある佐々木一郎さんが会長の「いわみ地方

有機野菜の会」に属してきた。専業で軟弱野菜を栽培する12戸から構成されるグループだ。佐々木さんが試して成功したやり方をメンバーに広げている。毎月1回の例会があり、技術や新たな品種を学ぶほか、次年度の作型や作付面積を調整する。

販売は同会に所属する農家の共同出資で設立した株式会社グリーンハートが6割、個人出荷が4割。90％は県外で、関東地方が6〜7割を占める。金額的にはオイシックス・ラ・大地が最も多い。

一方で、地元も大切だ。地産地消に熱心な浜田市のスーパー・キヌヤが設ける産直コーナーには主力メンバーとして、常時出荷している。また、2013年5月から弥栄会館で始まった「や市」（1カ月に1回）に積極的に参加し、店番も務める。浜田市の団地に出向いて軽トラ市も行い、すっかり定着した。野菜を売るだけでなく、団地住民と一緒にケーキを作ったり天ぷらを揚げたり、移住者も含めて楽しんでいる。

小松ファームは現在、正社員7名、パートさん9名。一貫して、集落の高齢者や21世紀に入って増えてきた移住者や農業研修修了者を雇用してきた。仕事が少ない山村に働く場をつくることを通して、地域に貢献したいという思いからである。それなりの賃金を社員とパートさんに払ったうえで経営が成り立たねばならないと考えている。

そもそも、そうした労働力なしにぼくの農業は成り立たない。地域あっての専業農家だと実感する。毎日12名で収穫、調整、出荷している。調整や袋詰めは女性が担い、男性は種播きや草取りなどの外仕事だ。

ところが、最近は高齢化でパートさんが集まらない。最大の問題である。やむを得ず2018年からは外国人研修生（タイ人）を導入することにした。弥栄ではすでに2016年から、複数の農場で外国人研修生が働いている。

Xが雇用農であってもよい

半農半X自体はよいが、そのX、言い換えれば農業のプラスアルファが確立されていないと、生活が難しい。ぼくは移住者も地域の仲間だと思っている。彼ら彼女らの雇用の場を今後も用意していきたい。Xが雇われる農業であってもよい。そして、空いた時間で自分の畑をやるというライフスタイルだ。

ぼく自身は2017年から父親に代わって集落の自治会に出るようになった。これまでも消防団や共同の草刈り・道普請はやってきたが、役が増えていくだろう。地域の伝統芸能である石見神楽も続けながら、農業で地域経済と地域自治を支えていきたい。

中山間地域の自然に魅せられて就農

田畑勇太(たばたゆうた)(no life no en / のうらいふのうえん)

> 1989年、愛知県生まれ。2015年、高知県長岡郡大豊町(おおとよ)怒田(ぬた)に新規就農。水稲12a、露地野菜30a、ミニトマト(ハウス1棟)4a、ゆず12a。主な販売先は、日曜市、地元JA、スーパー、宅配

最適な仕事が農業だった

高知大学人文学部社会経済学科在学中に訪れた怒田地域の自然に魅せられた。「ここに住むためにはどんな仕事が最適か」を模索するなかで、農業で生計を立てるのが一番と考える。そして、就農予定地に近い土佐郡土佐町の有機のがっこう「土佐自然塾」で1年、大豊町に新規就農した土佐自然塾1期生の間浩二さんのもとでトマト栽培を中心に1年、合計2年間の研修を受けて、就農した。

露地栽培野菜は、ニンニク、人参、大根、ジャガイモ、エンドウ豆、カブなど約15品目で、主な労働力は研修中に結婚した妻と2人。ただし、2017年8月に子どもが生まれ、現在は私1人である。

研修中に、国の青年就農給付金(準備型〈当時〉)を受給し、就農後は農業次世代人材投資資金(経営開始型)と「SHARE THE LOVE for JAPAN」(東日本大震災の影響で移住を余儀なくされた有機農家や新規就農者の支援を実施し

高知市内の「日曜市」に毎週出店

ている団体)の支援を受けた。給付金を利用して、中古のトラクターを購入。バインダーや脱穀機などは近隣農家から無償で借り、手伝いをして返している。

慣行農家とのつながりと日曜市への出店

大豊町は標高550mの冷涼な気候を活かした夏秋ミニトマトとゆずが特産。トマトを栽培する農家が参加する「大豊トマトの会」では、講習会などを通して栽培技術の向上を図っている。夏季にはハウス内が高温になり、温度がなかなか下がらない。遮光ネット(遮光率20%)や循環扇(空気の循環を

はかる換気扇）、ハイベールクール（遮熱効果に優れたビニール）で対応している。トマトの肥培管理は、毎年実施する土壌分析結果をもとに行う。堆肥センターから購入する牛糞堆肥（就農時には10aあたり2t程度、現在は1t程度）と自家製ボカシ肥料を施用している。

高齢化で慣行栽培の面積と出荷量が減少する一方で、私を含め土佐自然塾の修了生6名が新規就農。出荷量確保のため、有機栽培トマトをJAで扱うようになった。ゆず栽培も高齢化と担い手不足のため、近隣農家は農薬を撒布していない。そこで、一緒に無農薬栽培ゆずを搾ってジュースにしている。そのゆずの搾りカスは米ヌカと混ぜ、ボカシ肥料として利用している。

観光地としても有名な高知県内の食材が集まる「日曜市」では、週に1回野菜を販売する。ブース料は年間1万5000円。朝7時から販売し、午前中で完売する。夏の収穫最盛期には100kgのミニトマトを持っていくこともある。常連客が多く、行列ができることもあり、直接お客さんとやりとりしながら販売できるのが楽しみだ。子どもが試食して「美味しい！」と言われると、1週間ぐらい馬車馬のように働けるほどの元気をもらえる。

ミニトマトは、JAや高知県内のスーパーも取り扱う主力農産物で、今後面積の拡大を検討している。

集落を守る活動

怒田集落は約50世帯で人口70人。平均年齢は70歳を超える。いわゆる限界集落だが、この地域を守り続けてこられた人たちがいたからこそ、私はここに住むことができたのだ。

2017年2月、怒田を持続可能な集落にし、さらにその経験を他地域に広げていくことを目的に「特定非営利活動法人ぬた守る会」を設立し、代表を務めている。8月には、小学校跡地で盆踊りを開催。9月には、我が子の誕生を祝って約30年ぶりとなる「名開き」（赤ちゃんのお披露目）が行われ、40人以上が集まった。集落外の人たちも交え、先人たちに感謝しながら、未来の人たちの選択肢となるべく、怒田を守っていきたいと思っている。

地域のことは住んでみなければ分からない。住み続ける決心ができてから、家や農地を借りたり買おう。そして、近隣農家との挨拶が大切。相手によく伝わるようなおじぎを心掛けよう。

ミニトマトのハウス

農村での生活に憧れて就農

中村学(中村農場)
なかむらまなぶ

1973年、千葉県生まれ。2015年1月、鹿児島県阿久根市に就農。甘夏1.4ha。主な販売先は株式会社マルタ

気候と資金面から九州を選択

子どものころ北ドイツに住んでいた時期があり、その農村の素朴で美しい風景が非常に印象に残っていた。また、海や山で遊ぶのが大好きで、食べものへの関心が強い。そして、20代にニュージーランドのリンゴ農家や牧場で1年ほど働き、生活に必要なものを(家でさえも)自分で作る、自由で独立したおおらかな暮らしに憧れた。こうした経験から、いつか田舎に移り、農業で生活できないかと模索していた。

就農前は神奈川県に住み、ITのエンジニア。なかなか踏み出せずにいたが、妻の「やらずに後悔するより、やってみて後悔するほうがいい」との声にも押された。就農に向けた資金(約800万円)が準備できたことを機に、東京から離れるほど土地が安く手に入りやすいと考え、温暖な九州での就農を決意する。

環境問題に興味があり、環境負荷の少ない農業をしたいと思って有機農業での就農に向け研修先を探すなか、東京で開催された新・農業人フェアで

柑橘園で家族とともに

(有)鶴田有機農園を知った。私は柑橘が好きだし、農園の経営者が全国的に有機農産物を販売する株式会社マルタも経営されている。就農するうえで技術・情報・販売面で有利だろうと考えて研修先に選び、家族で移住した。

3年間の研修で学んだこと

2012年4月から15年1月まで、熊本県芦北町の鶴田有機農園の社員(研修生)となり、柑橘類(甘夏、レモン、デコポンなど)の栽培と有機農業を学んだ。鶴田有機農園は「農の雇用事業」(農業法人などが就農希望者を一定期間雇用し、生産技術や経営力を習得・独立するために実施する研修への支援)の助成を受けており、農園から家族が生活できる給与をいただいた。

研修期間中は、農家視察への参加、さまざまな人の紹介、有機農業講座への参加など大変お世話になるとともに、良くも悪くも農業と地方の現実を知ることができた。栽培技術や作物の理解はまだまだだが、独立にあたり「やっていけるという実感」が得られ、最低限必要なことは経験できたと思っている。

順調な収量、有機JAS認証を取得

農地を借りるのは簡単だと思っていたが、優良な果樹園地の話は非常に少ない。農地を探すシステムも整備されていないため、人づてに探すしか方法がなかった。農地探しは、地域で信頼がある農家の方とのいい出会いにかかっている。

幸い、鶴田有機農園の親戚の甘夏園1.4haを紹介していただけた。寒波の被害を考慮する必要がなく、甘夏の状態が非常に良い園地だ。そこで、隣県だが購入を前提に借りることを決めた。鹿児島県北西部に位置する阿久根市は、柑橘栽培が盛んな地域。子育てにも良い環境で、就農後は3人の子どもと過ごす時間もふんだんにある。

就農に最低限必要な機械は中古でそろえたが、2トントラック、軽トラック、動力噴霧機、収穫用コンテナ3000個などに250万円かかっている。なお、農業次世代人材投資資金（経営開始型）を受給した。

就農1年目（2015年）の甘夏の収量は10aあたり4トン。慣行栽培の平均3トンを上回り、園地選定の大切さを改めて感じた。2年目はほぼ同じ4トン、3年目は6トンに増加した。研修中に学んだ栽培管理を適切に行い、園地の特徴を上手く引き出せたことが、好結果につながったと思っている。主な出荷先が株式会社マルタで、販売先を探す必要がなく、栽培に専念できたことも良かったと思う（ただし、3年目に摘果の判断を間違え、4年目は減収）。

2017年末には1.4haすべてで有機JAS認証を取得した。18年は果樹園の近くに54aを購入し、機械作業がしやすいように造成。19年春には育苗した2年生のレモン苗を植える。今後は労働負荷とのバランスを考慮し、樹種の更新や農地の拡大を図っていく。新しい見方、やり方にも取り組み、少しでも地域の活性化につなげたい。

農業は肉体的にきつい仕事も多いが、自分の裁量で決められるところが魅力である。高齢化・過疎化で悩む地域には新しい血も必要だ。他産業従事経験者からみると、既存の農家はどんぶり勘定でコスト意識に乏しく、改善する余地が多いと思う。既成概念や地域の常識にとらわれず、自分の仕事や経験を活かしたやり方で試していけばよいと思う。

コラム9

◆◆ 営農スタイルと収入目標の明確化と逆算力 ◆◆

農業者は経営者である

　農業で生計を立てていくには、農地、資金、販路の確保はもちろん、さまざまな能力が求められる。

　経営者として、どんな作物を栽培するのか、どこで農業をはじめるのか、いつどこで技術を習得するのか、資金はどうするのかなどなど、就農に至るまでの具体的な計画とその実行が必要となる。そして、将来の営農構想、就農時や就農3〜5年後の目標に向かって、研修、資金計画などを明らかにし、必要なものを身につけていかねばならない。

**経営目標をたて
今すべきことを逆算**

　まず、自分がめざす営農スタイルと収入目標を想像してみよう。そして、漠然とした思いを整理して、どのような農業経営を展開して目標を達成していくのか、「経営目標」をたてよう。実際に農業を営むために、作目の選定から農地面積や労働力予測、販売計画や資金計画まで、あらゆることを考えながら無理のない計画にしなければならない。

　その目標を実現するためには、どのような栽培技術を身につけ、どのような作物をどのくらいの単価で販売し、どのくらいの量を栽培すればよいのか。有機農業経営指標を参考に必要な作物と栽培面積を逆算していけば、おのずから今すべきことが明らかになるはずである。

　あくまで想像上の数字であっても、このように考えることで年ごとの目標に到達するための手段、方法、スケジュール、すなわち営農計画の立案につながる。「計画をつくっても、計画どおりにいかない」から意味がないのではない。その原因を探し、修正していくためにも、まず計画づくりが大切である。

　経営規模は、目標とする営農スタイルによって決まる。たくさん稼ぎたければそれに合わせた畑や設備投資、さらに雇用も必要となる。加えて農業経営者には、夢やロマンを持ち続け、具体的に実行・継続し、発展につなげる能力も求められる。

〈藤田正雄〉

第6章

研修生をどう受け入れればよいか

研修受け入れ農家と研修生は、他の研修受け入れ農家・研修生と交流しよう

01 研修受け入れ農家に求められること

　新規就農希望者(研修生)にとって、農業をはじめるための技術の習得、就農のための農地・住宅などの確保、そして地域の一員となることは、共通した課題である。新規就農希望者が農業者として独立できるように研修受け入れ先が支援する場合、地域の農業者のみならず、市町村・都道府県などの公的機関との協力が欠かせない。
　研修生が就農して安定した経営を実現できるかどうかは研修生本人の問題であるが、受け入れ農家の研修内容も重要な要因である。

受け入れ農家の条件

　研修受け入れ農家となるには、品質の高い有機農産物を生産する技術力と安定した経営能力が求められる。同時に、地域の慣行農家や住民、行政や農協とも良い関係を築けるような人間性と社会性も必要とされる。そして、研修生の人生の一端を担っているという自覚を持って研修生と向き合わねばならない。
　当然ながら、研修生は単なる労働力ではない。農業や地域の担い手として、農業・農村の維持・発展に不可欠な貴重な人材を預かっているという責任感を持って対応しよう。
　研修希望者のなかには、農業経営を重視しているタイプもいれば、半農半Xなど農業以外の収入を得ながら農業と関わって生きるために学びたいタイプもいる。また、少量多品目生産による提携を重視するタイプもあれば、品目をある程度しぼって規模を広げたいタイプもいる。自分と同じビジョンを持った研修希望者を受け入れることが、研修生とのミスマッチをなくすために大切である。したがって、受け入れる前に、自らの経営に対する考え方や栽培作物、技術などを、研修希望者に理解できるように伝えることが欠かせない。
　ミスマッチが生じると、研修生に「労働者として扱われた」との思いが強まり、研修受け入れ先にとっては「手間ばかりかかるし、やる気があまり感じら

れず、いないほうがましだ」など、お互いに良い結果を生まない。どんな職業にも、向き不向き・適不適があるし、互いの相性もある。だから、一定の体験期間を設けるなど、ミスマッチを少なくする手立てを考える必要がある。

何を教えるのか

まず、栽培技術を身に付け、農作物を売るための販売力が不可欠である。有機農業の考え方や土づくりなどの基礎的な理論をはじめ、多様な農作業体験を積み重ねながら、栽培技術と販売力を研修生に獲得させることが求められる。

研修初期には、どのような経営をめざすのか漠然としている研修生も少なくない。そうした場合、多くの品目の栽培を体験させることが大切である。そのうえで、農業機械の操作はもちろん、収穫や袋詰め、出荷、顧客との対応など、多くの作業を体験させよう。

一口に農作業と言っても、土づくりから各種作物の肥培管理、耕種的防除など多様である。実際の栽培では、いつも予定どおりに進むわけではない。季節や天候によって、各作物の生育段階は微妙に変化し続けている。その変化にきめ細かく対応する繊細さや、作業の優先順位の把握と機敏な実行力、すなわち農作業全般の管理能力が重要である。

そのためには、各農作業における適切な対応と、一つひとつの作業が「上手く、早く」できるように訓練しなければならない。文字や数値には置き換えられない生育段階ごとの感覚的な作業内容や手順を、手本を示しつつ、あえて失敗もさせるという、教える側の「待ちの姿勢」も必要である。体験値、すなわち経験が多ければ多いほど、導かれる結論の精度は高くなる。

あらかじめ、各作物について1年間の作付け計画を明示し、多種多様な農作業とそこから得られる体験の積み重ねをとおして、頭だけではなく研修生の身体に覚え込ませる内容を工夫しよう。同時に、それがなぜ必要か、折に触れて理由の説明が大切である。

表6-1に、研修生が習得すべき栽培技術(農作業)の例を示した。これらを個別に教えたうえで、それぞれの栽培技術の習熟度(きれいさ、ていねいさ、早さ)の、項目ごとの定期的な評価が欠かせない。段階ごとに、できていること・できていないことを確認しあうことも必要である。具体的な研修計画を立て、

表6-1 研修生が習得する栽培技術の例

肥培管理	施肥、水やり、播種、育苗、定植、整枝、剪定、誘引、間引、収穫など
土づくり技術	堆肥製造(緑肥作物の利用も含む)、物理性(排水と保水性の両立、畑の物理性の改善も含む)、生物相の改善(微生物資材などの活用)
耕種的防除	土の熟成程度による秋冬作の雑草抑制、太陽熱消毒、栽培時期の適正化、微生物資材の活用、マルチ栽培、防虫ネットの利用など

研修内容を「見える化」すれば、研修中に起きる就農後の漠然とした不安が払拭できる。

経営についても栽培技術と同様に、自ら考える力を身に付けることが大切である。販路情報をきちんと伝え、作物の栽培方法だけではなく、農業全般を会得してもらう姿勢で、常に農業経営を意識させよう。

また、研修生の就農に向け、地域住民との橋渡し役として、明文化されていない住民の役割や農村の生活についても、受け入れ農家が伝えていくことが求められる。さらに、雨天の日や比較的作業時間の余裕がある時期には、受け入れ者自身のさまざまな経験をまとめて語ったり、書籍・雑誌・DVDをテキストとした座学を行い、周辺地域で行われる講演会や勉強会への参加を勧めると、より効果的である。

研修生はともに学ぶ仲間

研修生の技術力と人間力をいかに高めていくのか。それには、「ともに学ぶ」という姿勢が受け入れ農家に求められる。

「研修生は単なる労働力ではなく、ともに学ぶ仲間である」という誠実さ、「立派に育ってほしい」という情熱、「農業を通してどのような社会貢献と自己実現ができるのか」という謙虚な姿勢が、研修生の共感を呼ぶ。自らの仕事を通した社会貢献、自己実現のイメージ化は、学び、働き続けるためのモチベーションの維持に欠かせない。

だからこそ、研修生には、一方的に教えるのではなく、伝える気持ちで接してほしい。自分に分からない質問や事柄があったときは、知ったかぶりをせずに調べ、一緒に解決することが大切である。他の農業者の技術や研修会で得た情報を伝え、「自分も学んでいる」という姿勢を示し、ともに学び続けること

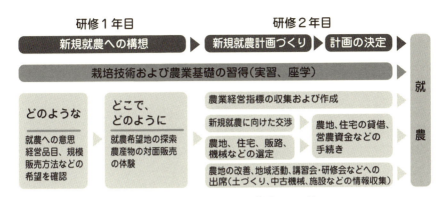

図6－1　就農に向けた研修計画の一例

の大切さの共有によって、研修生との信頼関係が構築されていく。

研修生に合った研修計画を立てる

　就農に向けた研修計画の一例を図6－1に示した。ここでは2年間の研修を想定している。研修の進み具合や就農への準備に応じて、短縮も可能だが、延長が必要な場合もある。あくまでも本人の意思と就農に向けた準備の進み具合に応じて、研修期間を研修生とともに検討しよう。

　計画を立てるにあたって、受け入れ農家は新規就農希望者と就農への意思、経営品目、規模などについてよく話し合い、どのような農業を目指すのかを確認することが大切である。そのうえで、新規就農に向けた構想を練りながら、研修生に合った研修目標を設定し、研修計画を立案していく。また、公的機関との連絡を密にして計画を作成し、有機農業推進団体や都道府県などが主催する講習会、研修会に参加できるようにしよう。

　研修をはじめたときは、農作業に体がついていかず、体調を崩しがちになる場合が多い。徐々に農作業の時間を増やすなど、研修生の体調管理には十分気をつけよう。農作業に体が慣れてきたら、就農に向けて、農地や住宅の確保、どのような販路を考えているのか、相談に乗るようにしよう。そして、就農地と就農スタイルが明確になったら、研修生本人の意思で、具体的な情報の収集、就農に向けた交渉を行うように仕向けよう。

〈藤田正雄〉

02 自治体行政の対応——積極的な受け入れが地域を元気にする

新規参入者の特徴——有機農業志向と生き方重視

　2014〜17年の非農家出身の新規参入者（新規就農者）は3700〜3400人で推移している。農水省が初めてこの統計を発表した1985年は、全国でたった66人だった。2000年でも798人だから、最近の急増には驚かされる。また、2016年は72％、17年は74％が49歳以下で、いずれも20％前後が女性だ。彼ら・彼女らは自らの意志で、農業をやりがいのある仕事として選択している。この傾向は今後も変わらないだろう。

　そうした新規参入者の大半は、有機農業を志向している。28％が「有機農業をやりたい」、65％は「有機農業に興味がある」（全国農業会議所「2010年度新・農業人フェアにおけるアンケート結果」）のだ。実際、新規参入者の21％が全作物で、6％が一部作物で実際に有機農業に取り組んでいる（全国農業会議所「新規就農者（新規参入）の就農実態に関する調査結果」2017年）。なお、最近の新規参入者には、自然農法志向が増えてきた。

　彼ら・彼女らの多くは「儲かる農業」を求めてはいない。「納得できる仕事と生き方」を大切にしている。国が重視する規模拡大や輸出、専業化・専作化ではなく、生活が成り立つ規模（1〜2ha）を耕し、消費者、小売店舗、レストランなどになるべく直接届けようとする。野菜の少量多品目生産ないし中量中品目生産が中心だ。消費者との交流を求める傾向も共通している。中山間地域への就農も少なくない。その場合、林業やサービス業との兼業（半農半X）が多く、パートナーの他産業への就業も一般的である。

新規就農相談窓口での対応

①本気かどうかを判断しよう

　有機農業への憧れや生き方に迷って、研修も受けずに相談に来るケースもある。失敗しないためには、まず話をよく聞いて、本気で有機農業で生きていこ

うとしているかを判断しよう。本気だが研修を一定期間受けていない場合は、地域の有機農業者を紹介しよう。いい加減だと思ったときは、理由を話して断ってよい。うまくいっている地域は、受け入れ者を厳しく選んでいる。

②窓口で否定的にならず、地域の仲間として受け入れよう

有機農業で真剣に生きていこうとしているにもかかわらず、受け入れられなかったという声を、いまでもよく聞く。「他の自治体で研修を受けたうえで、有機農業での就農を希望したが、市町村の窓口で拒否された。そこで、農協や県の農業会議に行ったら、けんもほろろだった」「有機農業では認定農業者として認められないと言われた」「農業次世代人材投資資金受給のための計画を認められなかった」「草を活かす自然農法なのに、草を生やしていると周囲から非難される」などである。

しかし、有機農業は現在、国が推進している政策であることを忘れないでほしい。そして、彼ら・彼女らは地域の担い手となる可能性を持った存在である。各担当者や普及指導員は、新たな仲間を歓迎する存在であってほしい。草への苦情に対しては、有機農業や自然農法の特徴を説明して、理解を求めていきたい。

なお、就農計画が明らかに無理な場合、すぐに受け入れないのは当然だ。改善のためのアドバイスをしよう。

③先進地域・先進農業者に学ぼう

優れた有機農業者が複数いる山形県高畠町や埼玉県小川町、NPOが有機農業者を育ててきた福島県二本松市東和地区や岐阜県白川町、農協が長年有機農業者を育成してきた茨城県石岡市八郷地区、自治体行政が積極的に有機農業を推進してきた愛媛県今治市などを視察し、技術と販売・経営、なぜうまくいっているのかについて学ぶ。たとえば、以下の点が参考になる。

第一に、窓口担当者がどんな姿勢で接しているか、新規参入希望者に合った理解者をどのように紹介しているか、定着するためのポイントをどう捉えているかなどを実地で学ぶ。

第二に、就農者を支援する地元コーディネーターの活動、実力ある有機農家による研修生の受け入れの詳細を知る。NPOが研修中に家や農地を探して斡旋するケースもある。

第三に、研修施設や研修農場の設置、住宅の斡旋など研修受け入れ体制の整備をどのように進めているかを、自治体職員・民間関係者の双方から聞く。

指導体制の整備

　新規就農者が定着し、有機農業が広がるための課題は、技術と販路といわれてきた。それは間違いではないが、もっと重要なのは基本理念である。環境保全型農業推進の延長上に有機農業を位置付けるのではなく、当初から有機農業を志向し、その課題や解決手法を検討し、施策を打ち出していくことだ。実際、島根県はこうした方針のもとで有機農業を推進し、着実に広がりをみせている。

　「化学肥料や農薬の削減手法を突き詰めていっても有機農業にはたどり着かない。始めから化学的な資材に頼らないという意識が行政側にもなければ有機農業の振興にはつながらないと考えている」（栗原一郎他「島根県における有機農業推進施策の状況と有機農業技術開発」『有機農業研究』3巻1号、2011年）

　技術については3つのポイントを意識したい。

　第一に、有機農業技術は地域や個人によって差が大きく、マニュアル化しにくいので、完成形を求めると現場になかなかおろせない。島根県では、技術開発・研究の結果、5～6割の見通しがついた段階で、現場に出して利用の判断を農家にゆだねている。ある程度のリスクを負いながら、農家とともに田畑で技術を確定していく姿勢が重要となる。

　第二に、都道府県では、有機農業専門の普及指導員を養成していく。そのためには、有機農業研修を重視し、担当者が変わっても組織として引き継いでいくようにしなければならない。研修の講師には必ず、地域の先進的有機農業者を含めるようにしよう。あわせて、有機農業担当の農業革新支援専門員（専門技術の高度化や政策課題への対応を担う）を配置してほしい。

　第三に、外部の専門家との連携だ。いすみ市が短期間で地元産有機米100％の学校給食を実現できたのは、民間稲作研究所（栃木県上三川町）と委託契約を結び、その優れた有機農業稲作（雑草対策）技術を取り入れたからである。

　販路拡大については、行政の仕事ではないという捉え方が主流だった。しかし、最近では特産物の堀り起こしから販売にまで取り組む市町村が増えてい

る。直売所の設置、豆腐・日本酒・製麺などの地場産業とのマッチング、大手や地元資本のスーパーといった商業者への販売の働きかけなど、できることは多い。生産者の事情と消費者の志向の双方に通じた、農商工連携コーディネーターないし有機農業アドバイザーを一定期間委嘱するのもよい。

また、有機農業技術の普及には時間がかかり、互いのコミュニケーションが大切になる。もちろん、一定の知識も欠かせない。今治市や福井県旧今立町（現越前市）など、有機農業で成果をあげている自治体の多くは、担当者を短期で異動させていない。最低5年は継続してほしい。

有機農業で成功する新規参入者を育てるために

研修を受けたことを前提としたうえで、まず、将来を見据えた経営プランの作成に協力する。たとえば夫婦2人で中山間地域に就農すれば、年収200万円でもやっていける。しかし、将来的に子どもを2人育てることを考えれば教育費がかかるので、とても成り立たない。都市近郊であれば、住宅費がかかる。

次に、自らの信条こだわりすぎないように、やんわりと忠告する。熱い想いは尊重するべきだが、周囲との人間関係がうまく形成できなければ、地域で生きていけない。実際、多品目生産によって多忙をきわめて疲れたり、自然農にこだわるあまり生産量が下がったりという実例もある。

そして、地域づくりの担い手として積極的に活動するように念を押そう。成功している新規就農者たちをみると、当初は技術と経営の安定を優先するが、ある程度達成されたら、地域の持続可能な発展のために尽力しているという共通点が見られる。彼ら・彼女らが、朝市、共同出荷、販売先開拓、地場産業との連携、祭り、農家レストランなどに周囲を巻き込んで取り組んでいる地域は、都市部から関心を持つ人たちが訪れ、賑わいが生まれ、交流人口・関係人口が増えている。仕事としても地域住民としても、そうした活動のよき理解者となるのが、自治体職員の大切な役割である。

これからの有機農業推進政策

市町村行政と有機農業者は、持続可能な住みやすい地域をつくるという同じ目標を共有している。だからこそ、両者の恒常的な話し合いや政策協議の組織

を設けていく必要がある。この点で、**有機農業モデルタウン事業**はたいへん大きな役割を果たした。こうした組織では、知恵は双方で出し合い、事務局的部分を引き受けるのは行政だ。

　その際、「意見を聞く」だけの形式的参加ではなく、それぞれから出されたアイディアを具現化していく場としなければならない。かつて日本有機農業学会が有機農推進法案を提起したときは、「有機農業推進検討委員会」の設置を提案した（33ページ参照）。各市町村でこうした委員会を常設機関とし、委員の少なくとも4分の1は公募とすることが望ましい。

　あわせて、次の4つの視点が欠かせない。

　第一に、ある程度の収入をめざして施設野菜の通年栽培などを行う産業型有機農業と、自給の延長として少量多品目の野菜や米、大豆などの販売を目的とした暮らし型有機農業の双方を育てていくことである。これまでの農業支援施策はもっぱら専業農家を対象にしてきたが、中山間地域はじめ多くの地域はもともと兼業で生きていた。両者は相補う存在である。

　第二に、合併が進んだ市町では旧町村単位で連携組織を設けることである。広域合併した場合、中心市街地と周辺山間部では産業も暮らしも大きく異なる。合併後に、有機農業振興施策が後退したケースも見られるようだ。地域の事情に応じた体制づくりをしていきたい。

　第三に、積極的に地域に出かけていくことである。有機農業者が少なかったり、これまで交流がなかったとしても、訪ねて話を聞いてみよう。有機農業者は一般的に相互のつながりが強いので、行政が知らない農業者の情報を持っている。行政の窓口を介さない、小規模な新規就農者が少なくないのも、有機農業の特徴だ。

　第四に、新規就農者を地域づくりの有力な担い手と捉えて、教育や福祉も含めた地域振興政策として考えていく必要がある。若い新規就農者たちがいれば、子どもが生まれ、地域が活気づく。閉校の危機に瀕していた小学校や保育園が存続したケースも見られる。

〈大江正章〉

エピローグ 有機農業をはじめる人へ

(1) 有機農業をはじめる人へ

有機農業の未来には希望がある

現状の農業の経営環境はとても厳しい。全国の農村で農業者が激減し、高齢化と過疎化がどんどん進んでいる。地球全体の環境が壊れかけていて、その大きな原因は残念ながら農林業である。これからの農業という仕事は容易ではない。だが、決してなくすことのできない大切な仕事である。どこの地域においても、農業者が存在しなければ困る。なぜなら、農業は地域社会の基盤だからである。

有機農業についても、未来に向かって課題は多い。しかし、これまでの慣行農業ができなかったことで、有機農業ならばこそできることがたくさんある。これからの時代、有機農業は持続可能な社会の先駆け的存在としてきっと認知される。有機農業の未来には希望がある。有機農業を志すみなさんは、さまざまな課題に果敢に立ち向かっていけるにちがいない。

農法や経営の姿と形は多彩であっていい。農業技術や営農の方法に多様性があるほうが望ましい。十人十色の農業を通じて農業者同士が協力し、互いに高め合い、先を見すえた未来型の農業者をめざしてほしい。

後に続く人たちの支援者・指導者になってほしい

農業経験のなかったみなさんが有機農業者になろうと志し、先輩農業者や指導者から教わり、いずれ独立して一人前の農業者になろうとしている。きっと素晴らしい農業経営者になるにちがいない。

まったくのゼロから、心臓が締め付けられるほどの不安をかかえてこの世界に飛び込んだみなさんは、その経験をもとにして、きっと素晴らしい農業指導者に育つ存在である。既存の農家の後継者にはできない経験を、みなさんは身

体に深く刻み込んでいる。

　その貴重な経験を、後に続く就農希望者への支援という形で、存分に活かしてほしい。ぜひとも、ゆくゆくは研修生を受け入れる指導者になってほしい。

地域コーディネーターになってほしい

　有機農業者の多くは新規就農者である。よそから移り住み、その地域の慣行農業とは違う農業を営み、最初は「風変わりな」存在として遠巻きに見られるかもしれない。でも、やがて有機農業者のあり方が認知され、地域内で評価されるようになり、あるいは頼られる存在になる可能性がある。

　地域を担う存在として高く評価され、指導的な村人として尊敬を集めている有機農業者も、すでにたくさんいる。

　有機農業は、世界中で21世紀型農業のモデルになるだろうという期待がある。地域で先駆けて有機農業に取り組む人は、他地域から移り住む新規就農者であれ、慣行農業から転換した地元農業者であれ、いずれも期待を集めるだろう。農業人口が減り続ける状況においては、必然的に期待に大いに応える存在になる。

　有機農業者の多くは、農業への転職の前にさまざまな経験を積んでいる。前職の多様な経験、専門知識と技術、転職にまつわるさまざまな苦労などである。その経験と能力は、農村の再生や新たな農業社会の形成に有為にはたらくにちがいない。その多様な優れた能力を活かすことで、地域社会に大きく貢献できる。

　有機農業をはじめるみなさんには、いずれ地域の人と人とをつなぐ新時代のコーディネーターになってほしい。

⑵　有機農業の指導に関わる人へ

有機農業の目的をどのように認識するか

　有機農業が飛躍的に伸びている国々と比べて、日本の有機農業が伸び悩んでいる理由はいくつかある。ここでは、２つの重要課題を取り上げてみたい。

　ひとつは、「なぜ有機農業なのか？」という問いへの答えが間違っていたこ

とである。日本ではこれまで、「有機農業は安全・安心な農産物の生産」という認識が主流であったが、世界は違っていた。環境保全と農業の持続性が有機農業の最も大事な目的なのだ。

人の健康に悪影響のある農薬を排除してほしいという希望は、しごく当然である。そして、安全であるとともに、安定的な農産物の確保が未来に続く基本課題であり、そのためになにより必要なことは環境保全と農業の持続性だ。その重要性は第1章で述べているので、お分かりいただけていると思う。有機農業の進展が著しい国では、市民の環境保全や農業の持続性に関する高い意識が大きな原動力であった。

日本で一般化していた「安全・安心」というスローガンのみでは、有機農産物への支持と需要は伸びない。市民の環境問題への意識の高まりを農業関係者は見逃してきた。両者の意識のずれをこれから埋めていかなければならない。なぜ有機農業への転換が必要なのか、まずは直接・間接に関わるみなさんの意識変革を望みたい。

有機農業の技術コーディネーターが足りない

2つ目は、有機農業指導者の不足である。とくに技術指導者が足りない。

2006年の有機農業推進法制定によって、有機農業の研究と普及の仕事が国と地方自治体の責務となった。その後10年以上が経過したが、有機農業の指導を主任務とするスペシャリストがどれほど育っただろうか。

研究分野では一定の成果が見られるようになったものの、肝心要の技術普及指導者があまりに少ない。研究の成果を生産者につなぐ仕事や、熟達の有機農業者が培った技術を科学的に解説し、有用な技術を他に紹介・普及できる人が足りない。新規就農者を育成できる技術コーディネーターも足りない。

公務員であれ、民間であれ、有機農業を第三者の立場で推進できる人材の育成と全国的な配置を強く期待したい。

たとえば、都道府県の普及指導員のみなさんには大きな期待がある。長く農業現場で活躍して技術知識の豊富な方々である。定年でリタイアする人を含めて、今後は、有機農業の指導者として最も適任ではないかと考える。

全国の農協関係者にも期待したい。農業協同組合のシステムは、有機農業者

にとっても必要不可欠である。家族経営農業が個別に努力するだけでは限界がある。有機農業者が地域内で、あるいは地域を越えて集団化し、生産と販売の事業を協同化することが、足腰の強い有機農産物供給につながる。既存の農業協同組合にとって、遠からず有機農業の推進が必ず課題になる。取り組みが早ければ、それだけ経済的にもメリットがあるにちがいない。有機農業への理解を深めて、コーディネーターの育成に足を踏み出してほしい。

〈涌井義郎〉

■ 農業関連用語解説 ■

アグロフォレストリー　農林複合経営。樹木の間の空き地や木陰(こかげ)に野菜を栽培したり、家畜を放し飼いにしたりする農法。地力維持や日陰効果などを期待。

暗渠(あんきょ)・明渠(めいきょ)　農地の過剰な水を排水するために地下に埋設された排水路を暗渠、地上に見える形で設けた排水溝を明渠という。

エンドファイト　生きている植物体の根・茎・葉の組織や細胞内で生活する微生物（カビ・細菌）で、自然界では大部分の植物に共生している。植物にアミノ酸などの有機態窒素を供給したり、寒地や酸性の土地など厳しい環境で植物の生育を助けたり、植物の病害抵抗性を高めるなどのはたらきがある。

額縁植物(がくぶちしょくぶつ)　強い風や飛来する害虫を遮断する目的で壁をつくったり、天敵を集めて侵入しようとする害虫を減らす目的で畑の周縁を囲むように栽培する植物。

カバークロップ　土壌侵食の防止や有機物の補給などを目的として、主作物の栽培がない期間や作物の畝間(うねま)、水田の畦(あぜ)などの土壌表面を被覆(ひふく)する作物。

換金作物(かんきんさくもつ)　自給用ではなく、売ることを目的として作られる農作物。商品作物。

慣行農業　明治期以降に、西欧の科学技術から学んで一般的に行われてきた農業のやり方。化学合成肥料と化学合成農薬の使用を否定しない。

間作・混作（混植）　作物と作物の間（条間）に別の作物を栽培することが間作。一般的には1枚の畑に畝(うね)単位で複数種の作物を育てる。混作は、畝にこだわらずに2種類以上の作物を混ぜて栽培する。収穫対象としない植物を別の目的で混ぜる場合は「混植」ということもある。言葉の区別はあまり厳密でない。

共存と共生　共生とは、マメ科植物と根粒菌、動物と腸内細菌など、複数の生物種が両者ともにあるいは一方のみが利益を受ける関係を保ちながら共存して生活する状態。共存とは、種間の関係は分かっていないが一緒に生存・存在する状態。

菌根菌(きんこんきん)　植物の根に菌糸を侵入させて根から糖分などを得る一方、土壌中に伸ばした菌糸によってリンなどの無機養分や水分を植物に供給する共生菌類。

在来種(ざいらいしゅ)　ある地域で伝統的に栽培され、遺伝子操作などの現代的な品種改良を行わず、風土に適応してきた系統、品種。その地域ではよくても、他の地方では育ちにくい品種もある。

自家採種　農家や育種家などが自ら生産した作物からタネを採取すること。

循環型社会　有限である資源を効率的に利用するとともに、再生産を行って、持続可能な形で循環させながら利用していく社会。循環的な利用が行われない資

　　　　源については適正な処分を確保し、天然資源については消費を抑制し、環境
　　　　への負荷をできるかぎり低減する。
除草　作物に有利な条件を与えるため雑草を取り除くこと。
生態系サービス　生物・生態系に由来する人類の利益になる機能。食料や原材料、
　　　　エネルギーの供給、気候調整、有機物の分解、土壌の形成、水と空気の浄化
　　　　など。
生物多様性　最初はひとつの種だったものが、異なる環境に適応して２つの種に、
　　　　またそれらの種が別の２つの種に分かれることによって、多種多様な生物が
　　　　出現した。農地の栽培環境を多様にすることで、多種多様な生物の棲息が可
　　　　能となる。
生物農薬　病原菌の増殖を抑制する拮抗微生物や、害虫を攻撃する天敵昆虫などを、
　　　　生きた状態で農薬として製剤化したもの。生物的防除として用いる。
施肥設計　作物の種類や栽培型に合わせて、作物が吸収する養分量とロスになる（系
　　　　外に排出する）養分量を合算し、施肥量を算出すること。主として慣行農業
　　　　の技法。
専作経営　効率化と規模拡大を図るため、単一の作物を栽培する経営スタイル。
早晩性　作物・品種ごとの、収穫期となるまでの栽培期間についての特性。
団粒構造　微細な土壌粒子が有機物のはたらきなどによって結合し、小粒の団子状
　　　　となって集合した土壌構造。作物の生育にとって好適な性質となる。
窒素過多　作物体の窒素が過剰になること。病虫害が発生しやすく、食味も落ちる。
　　　　堆肥といえども、施用量が多かったり、未熟な場合は、窒素過剰による障害
　　　　が発生しやすい。
窒素固定菌　大気中の遊離窒素をアンモニア態に固定する細菌。土壌中に棲息する
　　　　細菌のほか、虫の体内や植物の体内で共生してはたらく種類もある。
土寄せ　作物の生育途中で畝間の土を株元に寄せる作業。株の安定、新たな発根の
　　　　促進、畝間の養分の吸収促進、畝間や株元の抑草などが目的。
天敵　ある生物を攻撃して死滅させる習性を持つ生物。ネコはネズミの天敵であ
　　　　り、ナナホシテントウはアブラムシの天敵である。
特別栽培農産物　地域の慣行栽培に比べて、化学合成農薬の使用回数が50％以下、
　　　　化学合成肥料の窒素成分量が50％以下で栽培された農産物。
土壌分析　適切な施肥を行うために、農地土壌の養分量など化学的性質を知る必要
　　　　がある。専門機関や企業に依頼して土壌の状態を科学的に調べること。
軟弱葉物野菜　収穫後に鮮度が低下しやすい葉菜類。ホウレンソウやコマツナ、
　　　　シュンギク、ミツバなど、小柄で葉が薄く、長く保存できない。

農業粗収益と農業所得　農業粗収益は、1年間の農業経営により得られた農産物の売り上げなどの総収益額。農業所得は、農業粗収益から農業経営費を差し引いたもの。家族経営の農業経営費には、労働費や自作地地代といった自給部分の生産要素に関わる費用は含まない。

フェロモン剤　昆虫の体内でつくられ、体外に放出されて同種の他の個体の行動や発育に影響を与えるフェロモンと同じ組成の合成物質で、害虫制御に使う農薬。たとえば性フェロモン剤は害虫の雄の行動を攪乱して繁殖を妨害する。

腐植(ふしょく)　土壌を黒っぽくしている高分子有機化合物群。主に植物遺体が土壌動物や微生物に分解された後に再合成される。土壌中に水分や熱を蓄え、団粒構造の形成に役立つなど、土壌の物理的性質を改善するはたらきが大きい。水に溶けた養分を保つことや、土壌微生物の安定的な維持にも貢献する。

腐葉土(ふようど)　主に落葉樹の落ち葉が樹林下に堆積し、昆虫やミミズに食べられて糞になり、さらに微生物分解によってできた土。人の手でつくると落ち葉堆肥。

放線菌(ほうせんきん)　カビのように分岐した糸状の細胞や菌糸を生じる細菌で、土壌中に広く分布する。抗生物質をつくり出す種類のほか、病原性を有する種類もある。

ボカシ肥料　油カスや米ヌカなどの有機質肥料に、土やモミ殻を混ぜて発酵させてつくる肥料。発酵に微生物資材を用いる場合もある。有機質肥料に比べて効き目が早いという特徴があるが、発酵方法によっては効き目が遅くなる場合もある。

保肥力　土の養分(肥料成分)を保持する能力。土が有機質を多く含み、団粒構造になっていると高まる。

有機農業モデルタウン事業　国の有機農業推進事業で、参入希望者への技術指導、販路開拓、消費者との交流、技術実証圃の設置など、有機農業の振興の核となる地域の育成を目的とした。2008年度から2年間実施。

有機物マルチ　刈り草や稲ワラ、落ち葉などをマルチ(被覆資材)として用いる技術。雑草抑制、表土の保湿や過熱防止、団粒構造の維持、天敵の誘導などが目的。

有畜複合農業(経営)　作物の栽培と家畜の飼育を組み合わせた農業形態。

抑制栽培(よくせいさいばい)　露地での一般的な栽培よりも、生長・収穫・出荷を遅くする栽培法。対義語は促成栽培。

リビングマルチ　生きた植物をマルチとして用いる技術。畑作物や野菜栽培で主作物の畝間(うねま)に間作し、その被蔭効果による雑草の抑制が主な目的。使われる植物はムギ類やクローバ、ヘアリーベッチなど。

〈藤田正雄・涌井義郎〉

■有機農業を理解するための書籍・DVD■

〈技術書〉

明峯哲夫『有機農業・自然農法の技術——農業生物学者からの提言』コモンズ、2015年。

薄上秀男『発酵肥料のつくり方・使い方』農山漁村文化協会、1995年。

木嶋利男『拮抗微生物による病害防除——微生物資材の使いこなし方』農山漁村文化協会、1992年。

木嶋利男『伝承農法を活かす家庭菜園の科学——自然のしくみを利用した栽培術』講談社、2009年。

笹村出『発酵利用の自然養鶏』農山漁村文化協会、2000年。

(公財)自然農法国際研究開発センター編『これならできる！自家採種コツのコツ——失敗しないポイントと手順』農山漁村文化協会、2016年。

鈴木芳夫『新版 図集 野菜栽培の基礎知識』農山漁村文化協会、1996年。

中島紀一・金子美登・西村和雄編著『有機農業の技術と考え方』コモンズ、2010年。

中川原敏雄・石綿薫『自家採種入門——生命力の強いタネを育てる』農山漁村文化協会、2009年。

生井兵治・相馬暁・上松信義編著『新版 農業の基礎』農山漁村文化協会、2003年。

成澤才彦『エンドファイトの働きと使い方——作物を守る共生微生物』農山漁村文化協会、2011年。

西尾道徳『堆肥・有機質肥料の基礎知識』農山漁村文化協会、2007年。

西尾道徳『有機栽培の基礎知識』農山漁村文化協会、1997年。

西村和雄『西村和雄の有機農業原論』七つ森書館、2015年。

藤井義晴『アレロパシー——多感物質の作用と利用』農山漁村文化協会、2000年。

古野隆雄『農業は脳業である——困ったときもチャンスです』コモンズ、2014年。

ミシェル・ファントン、ジュード・ファントン著、自家採種ハンドブック出版委員会訳『自家採種ハンドブック——「たねとりくらぶ」をはじめよう』現代書館、2002年。

民間稲作研究所責任編集『あなたにもできる無農薬・有機のイネつくり——多様な水田生物を活かした抑草法と安定多収のヒント』農山漁村文化協会、2007年。

横山和成『図解でよくわかる土壌微生物のきほん——土の中のしくみから、土づくり、家庭菜園での利用法まで』誠文堂新光社、2015年。

涌井義郎・舘野廣幸『解説日本の有機農法——土作りから病害虫回避、有畜複合農業まで』筑波書房、2008年。

涌井義郎『土がよくなりおいしく育つ 不耕起栽培のすすめ』家の光協会、2015年。

〈理論書〉
足立恭一郎『有機農業で世界が養える』コモンズ、2009年。
アルバート・ハワード著、保田茂監訳、魚住道郎解説『農業聖典』コモンズ、2003年。
岩田進午『健康な土・病んだ土』新日本出版社、2004年。
エアハルト・ヘニッヒ著、日本有機農業研究会編、中村英司訳『生きている土壌——腐植と熟土の生成と働き』農山漁村文化協会、2009年。
舘野廣幸『有機農業 みんなの疑問』筑波書房、2007年。
日本有機農業学会編『有機農業研究年報1〜8』コモンズ、2001〜2008年。
フランシス・シャブスー著、中村英司訳『作物の健康——農薬の害から作物をまもる』八坂書房、2003年。
本川達雄『生物多様性——「私」から考える進化・遺伝・生態系』中央公論新社、2015年。
J・I・ロデイル著、一楽照雄訳『有機農法——自然循環とよみがえる生命』協同組合経営研究所、1974年。

〈有機農業者が書いた本〉
浅見彰宏『ぼくが百姓になった理由——山村でめざす自給知足』コモンズ、2012年。
大内信一『百姓が書いた有機・無農薬栽培ガイド——プロの農業者から家庭菜園まで』コモンズ、2016年。
金子美登『いのちを守る農場から』家の光協会、1992年。
金子美登『有機・無農薬でできる野菜づくり大事典』成美堂出版、2012年。
関塚学『有機農業という最高の仕事——食べものも、家も、地域も、つくります』コモンズ、2019年。
林重孝『有機農家に教わるもっとおいしい野菜のつくり方』家の光協会、2011年。

〈農と食の新しい価値観〉
宇根豊『天地有情の農学』コモンズ、2007年。
多辺田政弘・桝潟俊子ほか著、国民生活センター編『地域自給と農の倫理——生存のための社会経済学』学陽書房、1986年。
デイビッド・モントゴメリー著、片岡夏実訳『土の文明史——ローマ帝国、マヤ文明を滅ぼし、米国、中国を衰退させる土の話』築地書館、2010年。
デイビッド・モントゴメリー、アン・ビクレー著、片岡夏実訳『土と内臓——微生物がつくる世界』築地書館、2016年。

デイビッド・モントゴメリー著、片岡夏実訳『土・牛・微生物——文明の衰退を食い止める土の話』築地書館、2018年。
長谷川浩『食べものとエネルギーの自産自消——3.11後の持続可能な生き方』コモンズ、2013年。
J. ロックストローム、M. クルム著、武内和彦・石井菜穂子監修、谷淳也・森秀行ほか訳『小さな地球の大きな世界——プラネタリー・バウンダリーと持続可能な開発』丸善出版、2018年。

〈その他〉
日本有機農業研究会青年部編『有機農業をはじめました！88人の実践』2008年。

〈映像作品〉
岩崎充利監督、大江正章監修『有機農業で生きる——わたしたちの選択』アジア太平洋資料センター、2012年。
神奈川県有機農業研究会監修『有機農業って何だろう？』日本有機農業研究会、2003年。
河合樹香監督『農薬 その光と影』環境テレビトラストジャパン、2007年。
ジャン＝ポール・ジョー監督・制作『未来の食卓』アップリンク、2008年。
デボラ・ガルシア監督『土の賛歌』日本有機農業研究会科学部、2012年。
農山漁村文化協会企画・制作『土着菌でボカシ肥づくり』農山漁村文化協会、1999年。

■**著者紹介**■

涌井義郎(わくい・よしろう)
　第1章02、第2章01(1)〜(5)、02(1)〜(4)、(6)、(7)、(9)、03(2)、(3)、第3章01、エピローグ、コラム❶〜❻、❽、農業関連用語解説。
　1954年、新潟県生まれ。鯉淵学園農業科卒業。技術士(農業部門)。専門は有機農業技術。鯉淵学園農業栄養専門学校勤務の30年間で、野菜栽培技術科目と有機農業科目を担当。2011年にNPO法人あしたを拓く有機農業塾(あした有機農園)を茨城県笠間市に開設。新規就農者の育成や有機農業の普及活動を行っている。主著『土がよくなりおいしく育つ不耕起栽培のすすめ』(家の光協会、2014年)、『解説日本の有機農法——土作りから病害虫回避、有畜複合農業まで』(共著、筑波書房、2008年)など。

藤田正雄(ふじた・まさお)
　はじめに、第1章01(2)、第2章02(5)、(8)、03(1)、第4章02、03、第6章01、コラム❼、❾、農業関連用語解説。
　1954年、大阪府生まれ。信州大学大学院博士後期課程修了。博士(学術)。専門は土壌動物学。NPO法人有機農業参入促進協議会理事・事務局長。国の有機農業推進事業を活用し、有機農業への新規参入者の現状と課題を明らかにしてきた。共著『有機農業の技術と考え方』(コモンズ、2010年)、『土壌動物学への招待——採集からデータ解析まで』(東海大学出版会、2007年)、『土壌の事典』(朝倉書店、1993年)など。

吉野隆子(よしの・たかこ)
　第2章03(4)、第3章02、03、第4章01、04。
　1956年、兵庫県生まれ。東京農業大学農学部卒業。オーガニックファーマーズ名古屋代表、NPO法人全国有機農業推進協議会理事、あいち有機農業推進ネットワーク副代表。2004年に名古屋市にオアシス21オーガニックファーマーズ朝市村を開設し、新規有機農業就農者の育成と販路開拓に力を注ぐ。共著『本来農業宣言』(コモンズ、2009年)など。

大江正章(おおえ・ただあき)
　第1章01(1)、第2章01(6)、第6章02。
　1957年、神奈川県生まれ。早稲田大学政治経済学部卒業。コモンズ代表、ジャーナリスト、NPO法人全国有機農業推進協議会理事。有機農業関連書籍の編集を約30年手掛け、新規就農者の動向や持続可能な地域づくりなどについて取材・考察を重ねてきた。主著『地域に希望あり——まち・人・仕事を創る』(岩波新書、2015年)、『地域の力——食・農・まちづくり』(岩波新書、2008年)、『食べもの市場・食料問題大事典3日本の食料問題』(監修、教育画劇、2013年)など。

NPO法人有機農業参入促進協議会

環境問題や健康問題が顕在化してきた現在、農業のあり方も変わりつつあり、有機農業をはじめようとする人も増えてきている。しかし、その支援体制が公的にも民間にも不十分なのが現状である。そこで、民間の有機農業推進団体が協力して、人、もの、情報を提供しつつ、有機農業の推進を一層強化する組織を目標として設立された団体である。全国の有機農業実施者や有機農業の推進に取り組む民間団体、公的機関と連携して相談窓口を開設するほか、研修受け入れ先、有機農業経営指標などの情報整備と提供、相談会・講習会の開催なども行っている。有機農業を学べる講習会、相談窓口、研修受け入れ先、経営指標などは、ウェブサイト「有機農業をはじめよう！」(http://yuki-hajimeru.net/)に詳しい。

有機農業をはじめよう！
―研修から営農開始まで―

2019年2月5日・初版発行
監修●NPO法人 有機農業参入促進協議会
著者●涌井義郎・藤田正雄ほか
イラスト(35・42ページ)●高田美果

© NPO法人 有機農業参入促進協議会, 2019, Printed in Japan.

発行者●大江正章
発行所●コモンズ
東京都新宿区西早稲田2-16-15-503
TEL03-6265-9617　FAX03-6265-9618
振替　00110-5-400120

info@commonsonline.co.jp
http://www.commonsonline.co.jp/

印刷／東京創文社　製本／東京美術紙工
乱丁・落丁はお取り替えいたします。
ISBN 978-4-86187-155-9 C0061